U0862001

高职高专设计类专业精品实用教材

服装制板实训范例

张路光　成红军　主编

吴纪伟　副主编

王京菊　王健　编著

天津大学出版社

TIANJIN UNIVERSITY PRESS

图书在版编目(CIP)数据

服装制板实训范例/张路光,成红军主编;王京菊,王健编著.—天津:天津大学出版社,2011.8
高职高专设计类专业精品实用教材
ISBN 978-7-5618-4085-6

Ⅰ.①服… Ⅱ.①张… ②成… ③王… ④王… Ⅲ.①服装制板—制图 Ⅳ.①TS941.2

中国版本图书馆CIP数据核字(2011)第162759号

高职高专设计类专业精品实用教材
服装制板实训范例
主　　编:张路光 成红军
副 主 编:吴纪伟
编　　著:王京菊 王　健

策　　划:成红军 张路光
组稿编辑:林　滨
责任编辑:李金花
装帧设计:成功图文工作室
出版发行:天津大学出版社
(天津市卫津路92号天津大学内 邮编:300072 电话:022-27403647)
出 版 人:杨　欢
网　　址:www.tjup.com
经　　销:全国新华书店
印　　装:昌黎太阳红彩色印刷有限责任公司
开　　本:210mm×285mm 1/16
印　　张:6.5
字　　数:228千字
书　　号:ISBN 978-7-5618-4085-6
版　　次:2011年8月第1版
印　　次:2011年8月第1次
定　　价:45.00元

引　言

服装制板是服装技术的重要组成部分，是服装生产的技术核心，结构样板的准确度和制板效率直接影响着服装的成本与质量。近年，服装工业信息化和自动化的发展对于服装制板的教学目标和水平都提出了更高的要求。为了适应目前服装企业工业化生产的需要，提高学生掌握知识的可持续性以及加强学生所掌握的技能的可延展性，对本课程的教学内容与授课方式、教学手段的改革与优化势在必行。

为了加快教学改革的现代化步伐，推动转变教育教学观念，创新学习模式，努力提高教学质量，加大实践学习的力度，在编写过程中我们吸收国外同专业的先进经验，结合自身多年的教学与实践经验，从专业实践出发，寻求一种全新的教育模式。针对服装设计专业具有很强的技术性的特点，本书致力于让学生对服装设计、制板实际操作有更深层面的理解和掌握，突出核心能力的培养，拓展实践教学课程的学习内容，培养出更具服装行业竞争力的复合型人才。

本教材根据服装品种特征进行分类，选择具有明显代表性的款式，通过图文并茂的形式，系统地对服装造型、结构制板、样衣调试，到最后完成整套工业样板进行了全过程讲解。书中部分服装款式是在校企合作中作者为企业设计制作的样板。教学实践证明：学生在老师的指导下通过系统、直观的学习与训练，在创新能力和动手能力方面得到了很大的提高。

编者

2011 年 6 月

高职高专设计类专业精品实用教材

目 录

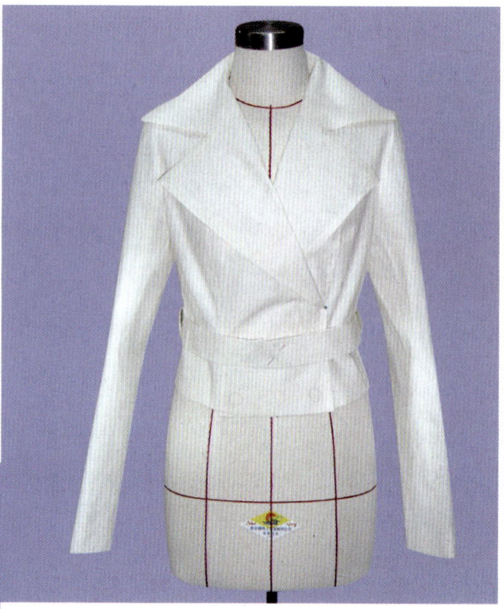

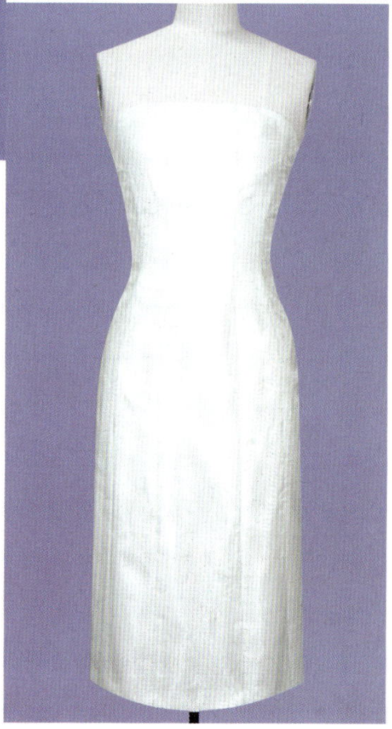

二、实训目的

1.通过对基础裙造型的结构绘制，使学生理解裙子的结构关系，准确地设计成品的规格尺寸。

2.通过训练，使学生掌握裙装效果图、款式图的表达；并根据设计造型合理地绘制出结构图。

3. 根据结构图准确地分解裁片，绘制出放缝样板，根据样板制作坯布立体造型。

三、实训时间

3周，共计48学时。

四、实训方法

1. 通过教师示范，学生根据教师的要求进行基础裙的全套训练。

实训时间：16学时。

2.选择2～3款裙子造型进行技能的拓展训练。

实训时间：32学时。

第一节　基础裙结构与制板

学习目标：通过训练，使学生了解裙子效果图和平面款式图的设计表达，掌握规格的确定，理解裙子的结构组成关系。

训练重点：成品规格的确定及结构图的绘制。

训练难题：样板制作和坯布样衣的完成。

训练时间：16学时。

一、款式分析（图1.01效果图、图1.02款式图）

此款裙子是裙装中的基本原型，造型为H形，具备了裙子的基本构成要素，由前身、后身、腰头三部分组成。前身腰部左右对称，各有两个省道，前身为整片无分割线；后身左右分开，腰部各有两个省道；在中缝处开拉锁，裙下口加入开衩。

图1.01

图1.02

规格确定

cm

裙长	62
腰围	70
臀围	94

二、结构图重点提示(图1.03)

1.前后裙长均减去3cm腰头宽绘制水平线、裙摆线。

2.按18cm腰臀距绘制臀高线。

3.前后臀围肥按成品规格的1/4计算,根据造型要求前片加1cm,后片减去1cm。

4.前后腰围肥按成品规格的1/4计算,根据造型要求前片加1cm,后片减去1cm。

5.前后腰省各2个,每个省宽为裙片腰围与臀围差的1/3,前省长为腰臀距的1/2;后省长一个在前省长基础上加1cm,另一个在前省长基础上加2cm。

6.前裙片为整片,后裙片左右分开,中缝下部加入开衩量5cm,中缝上部缝制时使用拉锁制作开口。

7.裙腰头宽为3cm,裙腰长在成品腰围的基础上加入3cm搭门量。

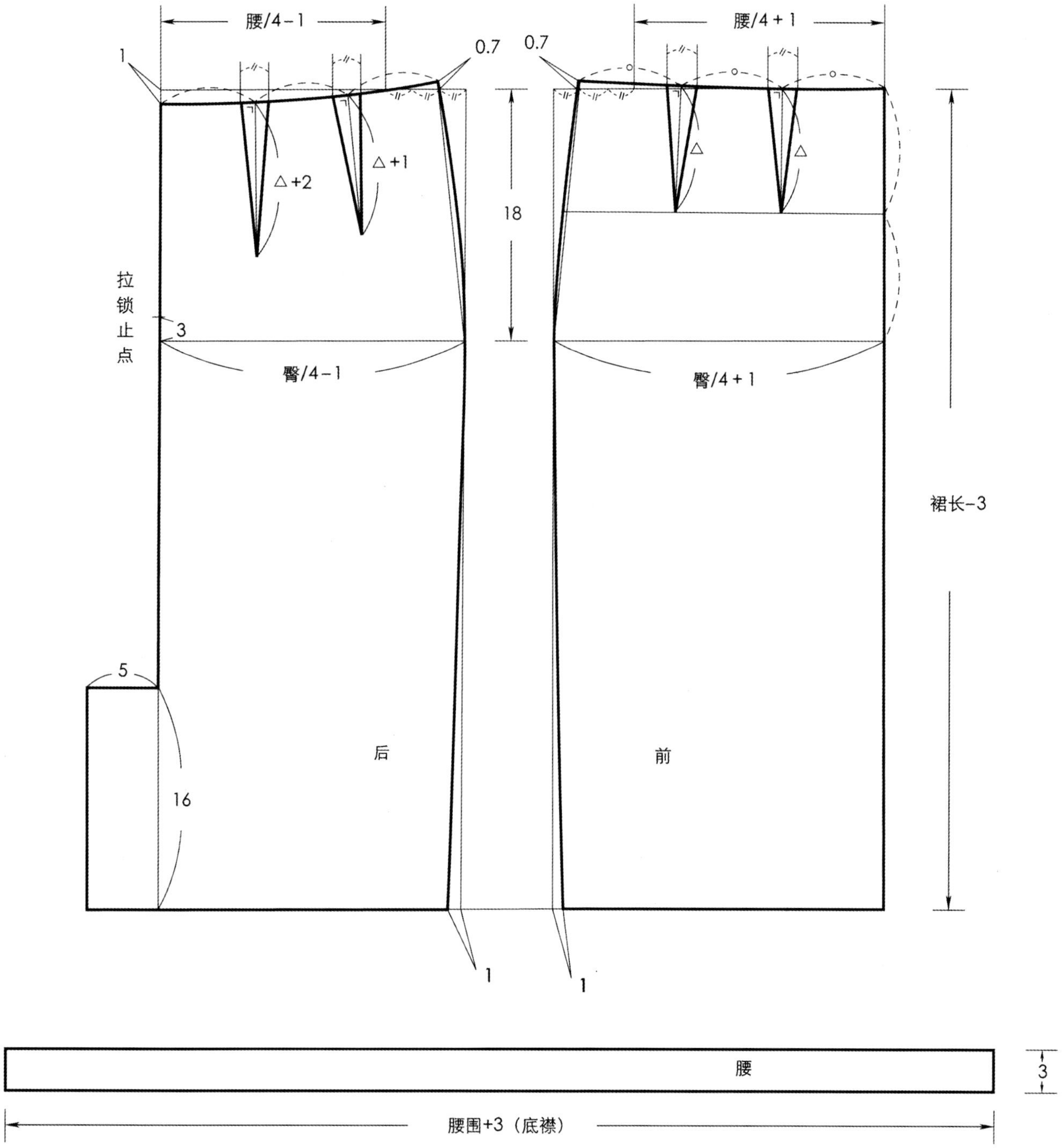

图1.03

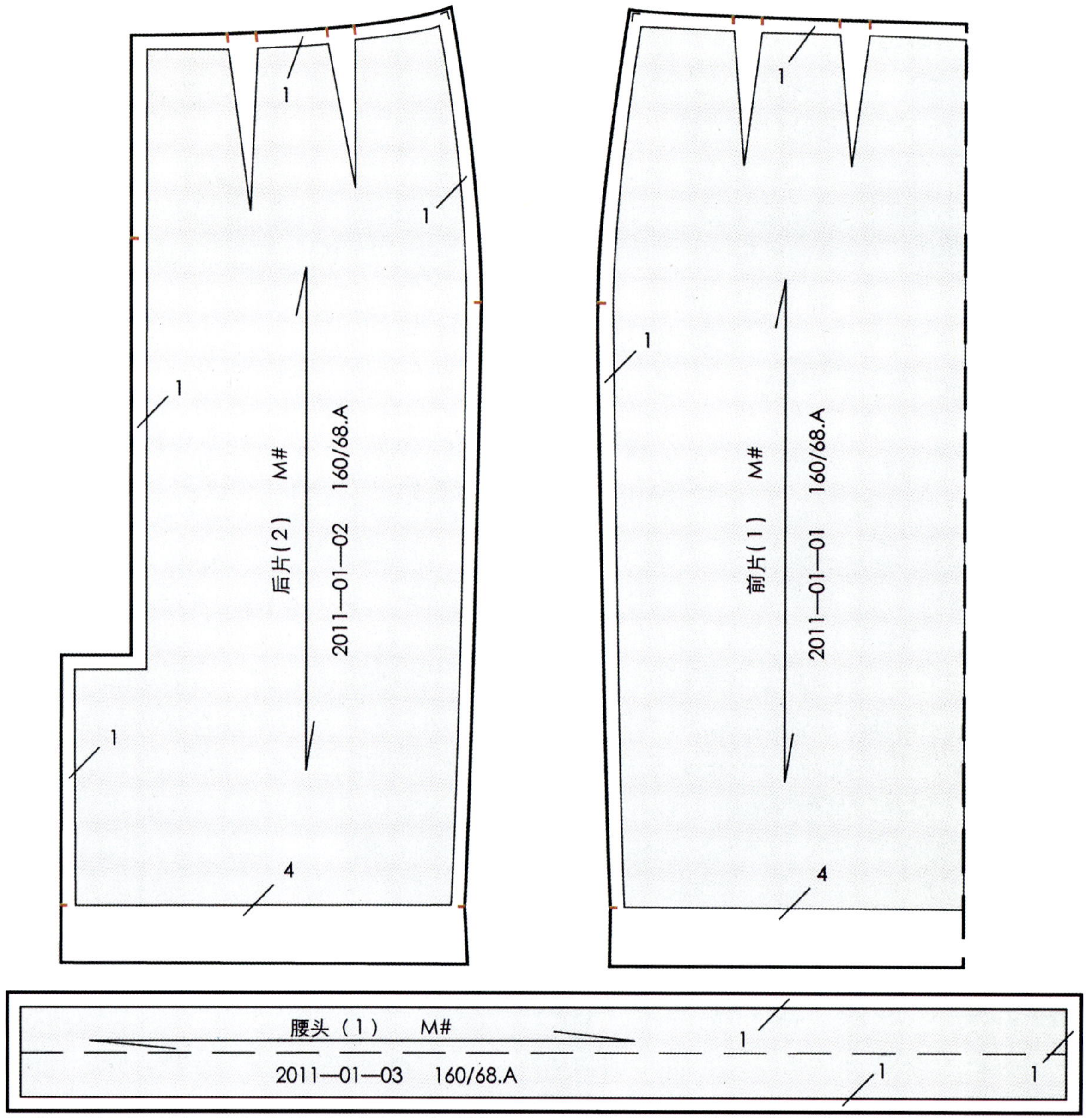

图 1.04

三、放缝图(图 1.04)和坯布样衣图(图 1.05)

放缝图和坯布样衣如图所示。

四、训练要求

1. 选择两个不同的体型进行采寸并设计成品规格。

2.根据训练1的规格尺寸绘制1：1比例结构图。

3.缝制坯布样衣一件。

五、课后作业

1.查找裙子设计造型4～5款。

2.绘制1：4结构图。

样板裁片

前片	1片(整)
后片	2片
腰头	1片(里、面)

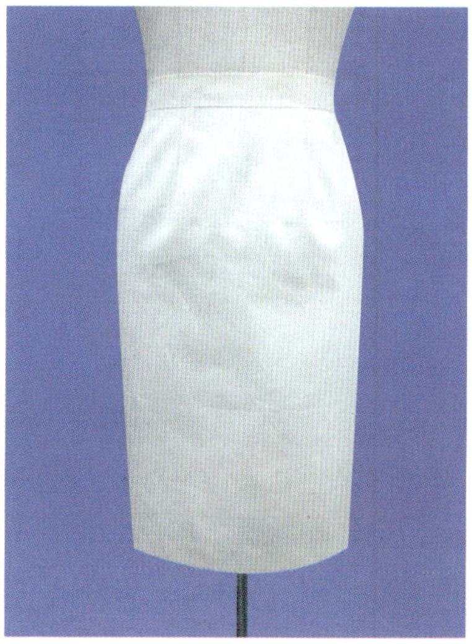

图 1.05

第二节 横断身裙结构与制板

一、款式分析（图1.06效果图、图1.07款式图）

此款裙子在基础裙子的基础上加入横断线，前后身结构横分割的裙片下摆打开并增加了褶量。前后身均为整片，侧开拉锁，腰部前后各有两个省道。

图1.07

图1.06

规格确定

cm

裙长	60
腰围	70
臀围	92

二、结构图重点提示（图1.08）

1.前后裙片侧缝均为直线，横断身线长20cm，然后分别将前后片分为三等份。

2.腰围、臀围均按1/4计算，腰围处加入2.5cm省道。

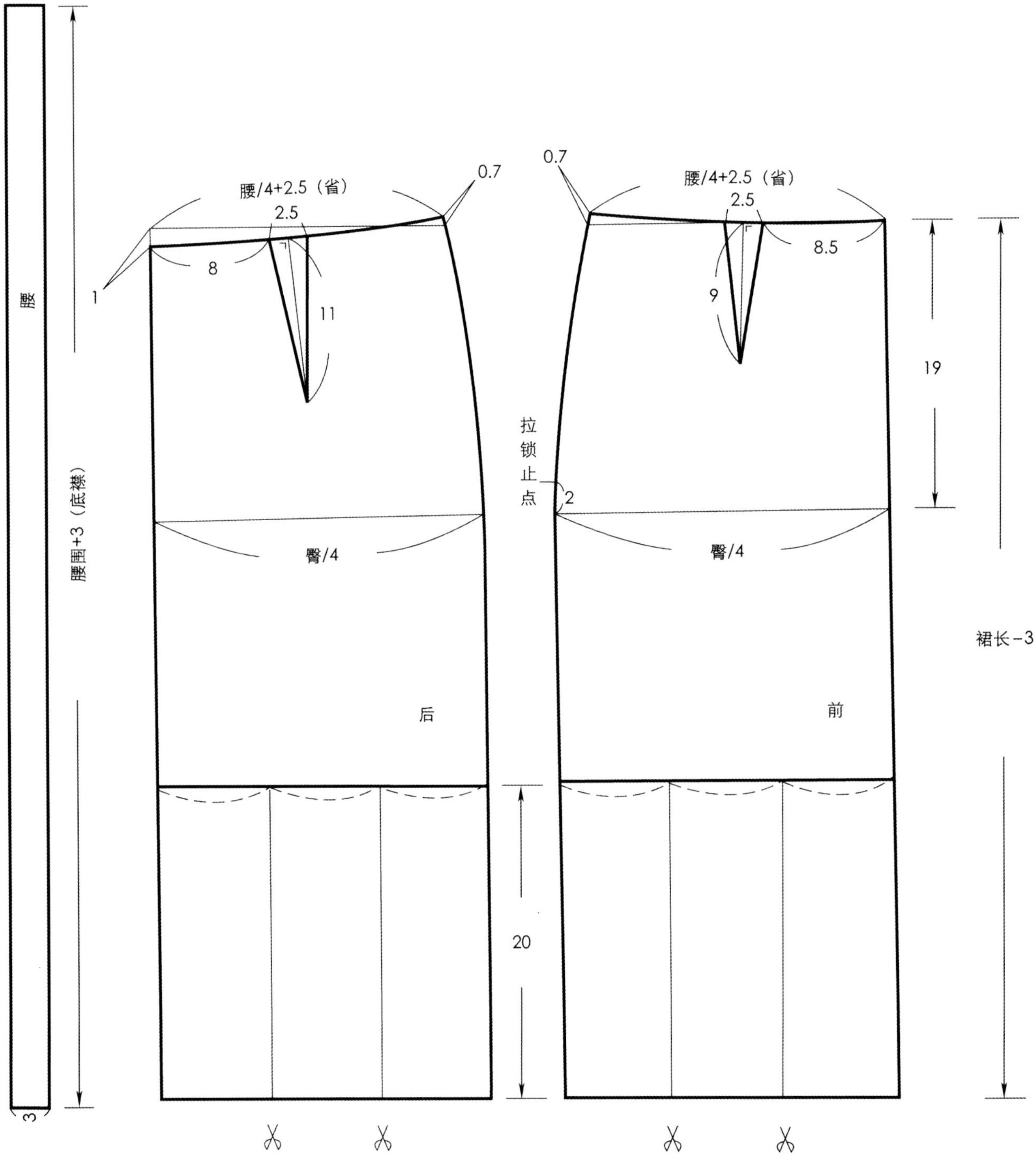

图1.08

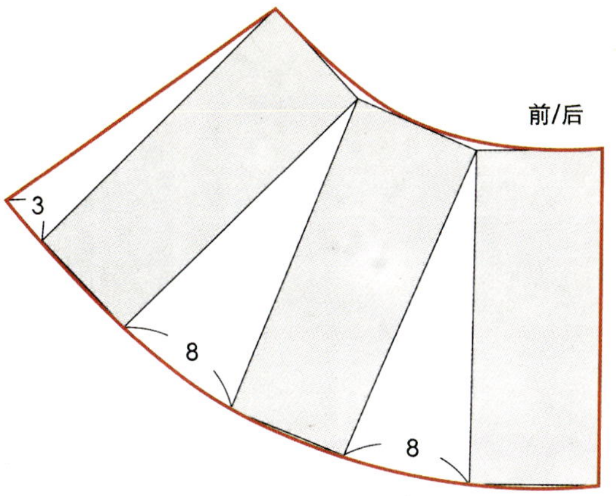

图1.09

三、裙下片褶量展开说明(图1.09)

1.根据结构图先将前后裙片剪成净纸样,然后将断身线剪开。

2.将剪下的前后裙下片沿等分线由下向上剪开,注意上口不要剪断。

3.按展开图1.09提示,将剪开的裙下片向侧面打开,侧缝加入3cm放量,打开的尺寸可根据设计要求而定。

4.将打开的裙片上下部位的线条修圆顺。

四、放缝图(图 1.10)和坯布样衣图(图1.11)

放缝图和坯布样衣如图所示。

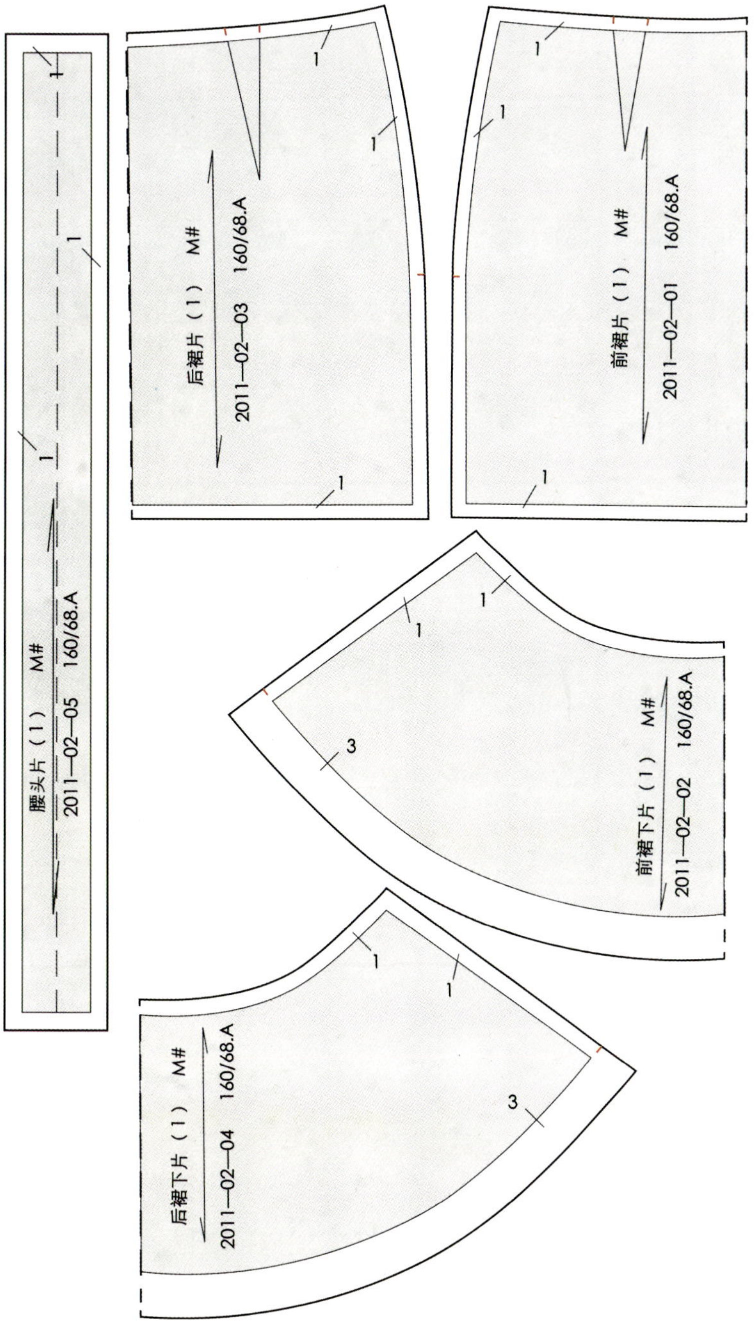

图1.10

样板裁片

前裙片	1片(整)
后裙片	1片(整)
前裙下片	1片(整)
后裙下片	1片(整)
腰头片	1片(里、面)

图1.11

第三节 A型对褶裙结构与制板

一、款式分析（图1.12效果图、图1.13款式图）

此款裙子为无腰裙，造型为A形，前后身分别有两条竖分割线，在中间分割线的基础上加大裙摆，在侧面的分割线中加入对褶量。前身腰部各有两个省道，分别藏在两条分割线中。裙子开口在侧面。

图1.12

规格确定

cm

裙长	60
腰围	72
臀围	93

图1.13

二、结构图重点提示(图1.14)

1.前裙片在中线的基础上向侧缝6cm,画一条与中线平行的分割线,在其基础上分别加大裙下摆1cm和0.7cm。腰部省道在分割线基础上将1.5cm省道平分。

2.后裙片在中线的基础上向侧缝5cm,画一条与中线平行的分割线,在其基础上分别加大裙下摆1cm和0.7cm。腰部省道在分割线基础上将1.5cm省道平分。

3.前后对褶线均为中线的平行线,省道宽在其基础上平分。

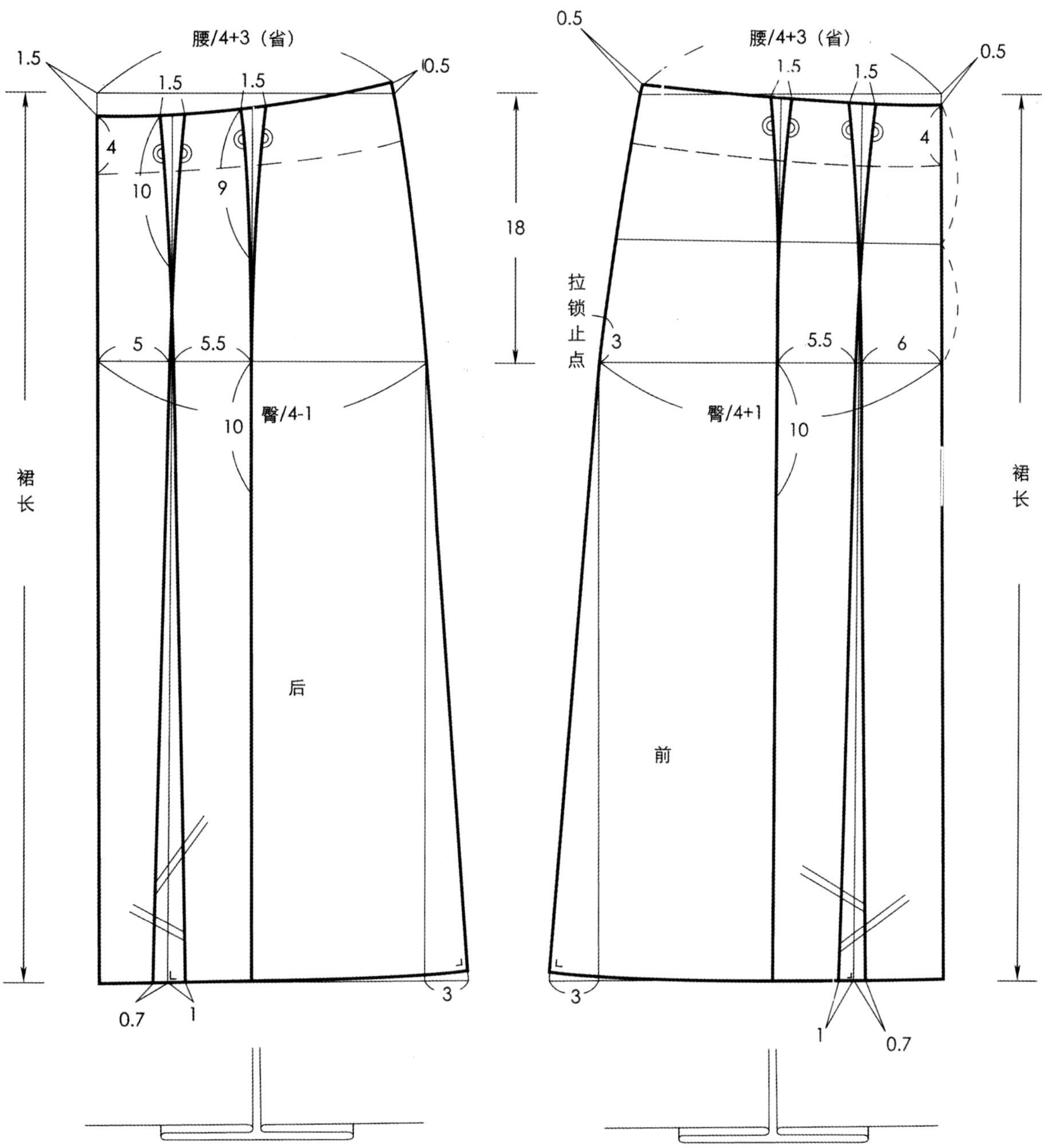

图1.14

三、样板展开说明(图1.15)

1.根据结构图先将前后裙片剪成净纸样，然后将竖断身线剪开。

2.按展开图1.15提示将前后裙片的侧片分割线中加入20cm对褶量，然后将腰口画圆顺。

3.前后腰口贴边：先拷贝腰口贴边宽并合并省道，然后将腰口线及下口线画圆顺。

四、放缝图重点提示(图1.16)

后片2(对褶片)打开褶量的方法与前身相同，均为20cm。

注：由于页面有限，此图中未加入后侧片。

五、坯布样衣图(图1.17)

坯布样衣如图所示。

六、课后作业

1.根据此款裙子造型设计2款竖断身裙。

2.绘制款式图和1：4比例结构图。

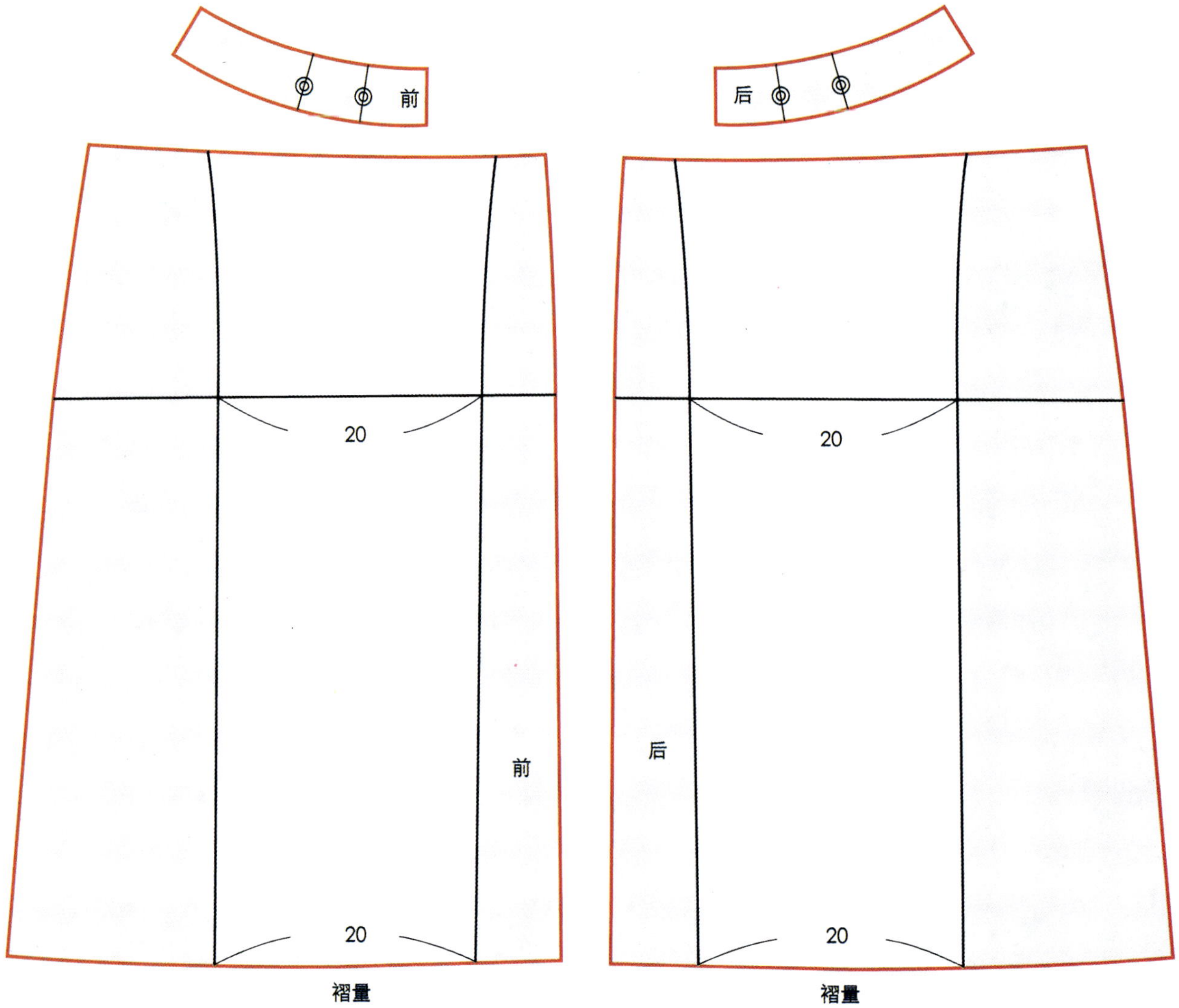

图1.15

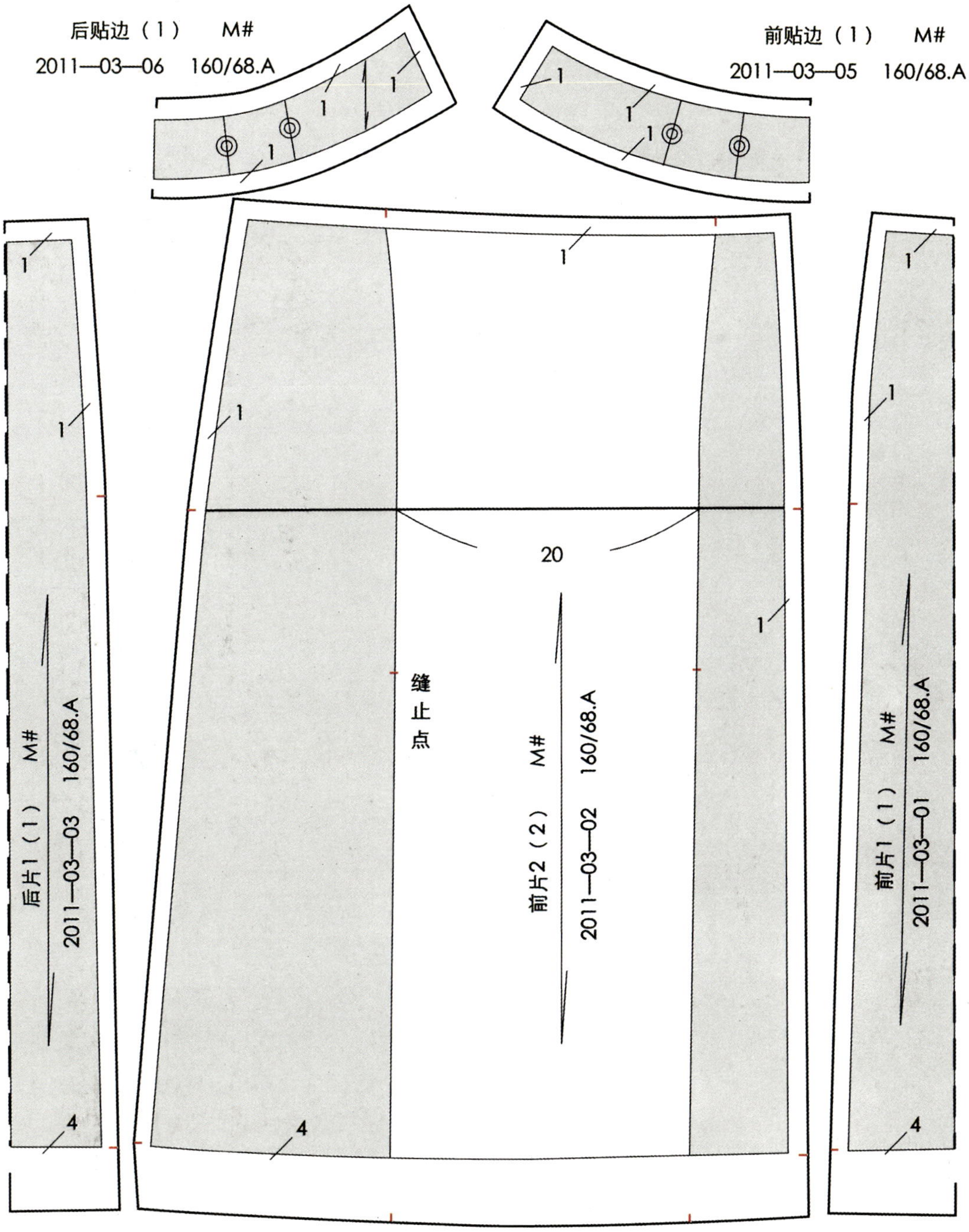

图1.16

图1.17

样板裁片

前片1	1片(整)
前片2	2片
后片1	1片(整)
后片2	2片
前贴边	1片(整)
后贴边	1片(整)

第四节 圆形裙结构与制板

一、款式分析(图1.18效果图、图1.19款式图)

此款裙子是圆形伞状裙,造型为A形,由前身、后身、腰头三部分组成。腰部无省道,无臀围尺寸,前身为整片无分割线,后身左右分开并在中缝处开拉锁,腰头部位比较宽。

规格确定

cm

裙长	53
腰围	68

图1.18

图1.19

二、结构图(图1.20)、放缝图(图1.21)及坯布样衣图(图1.22)

结构图、放缝图及坯布样衣如图所示。

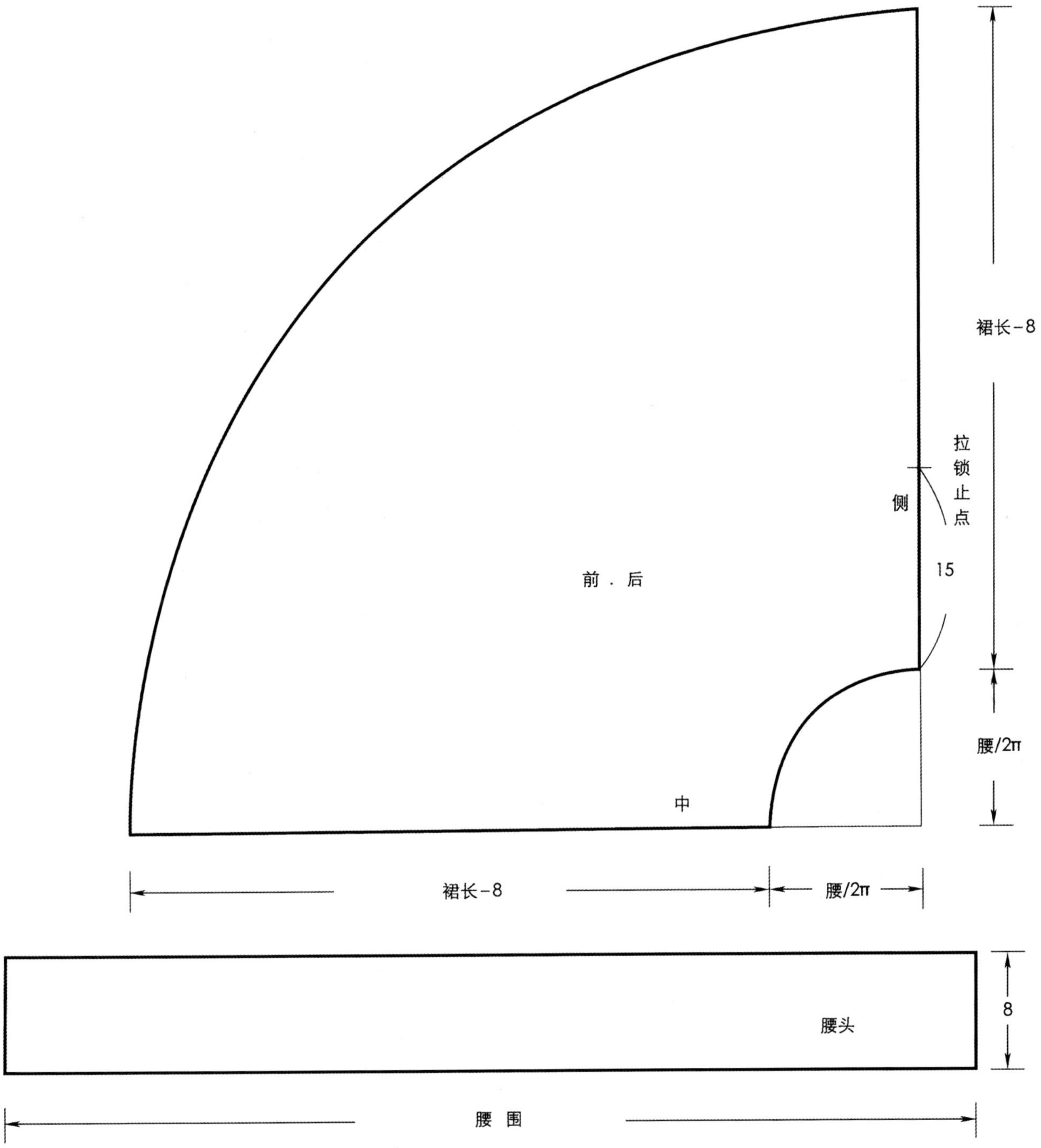

图1.20

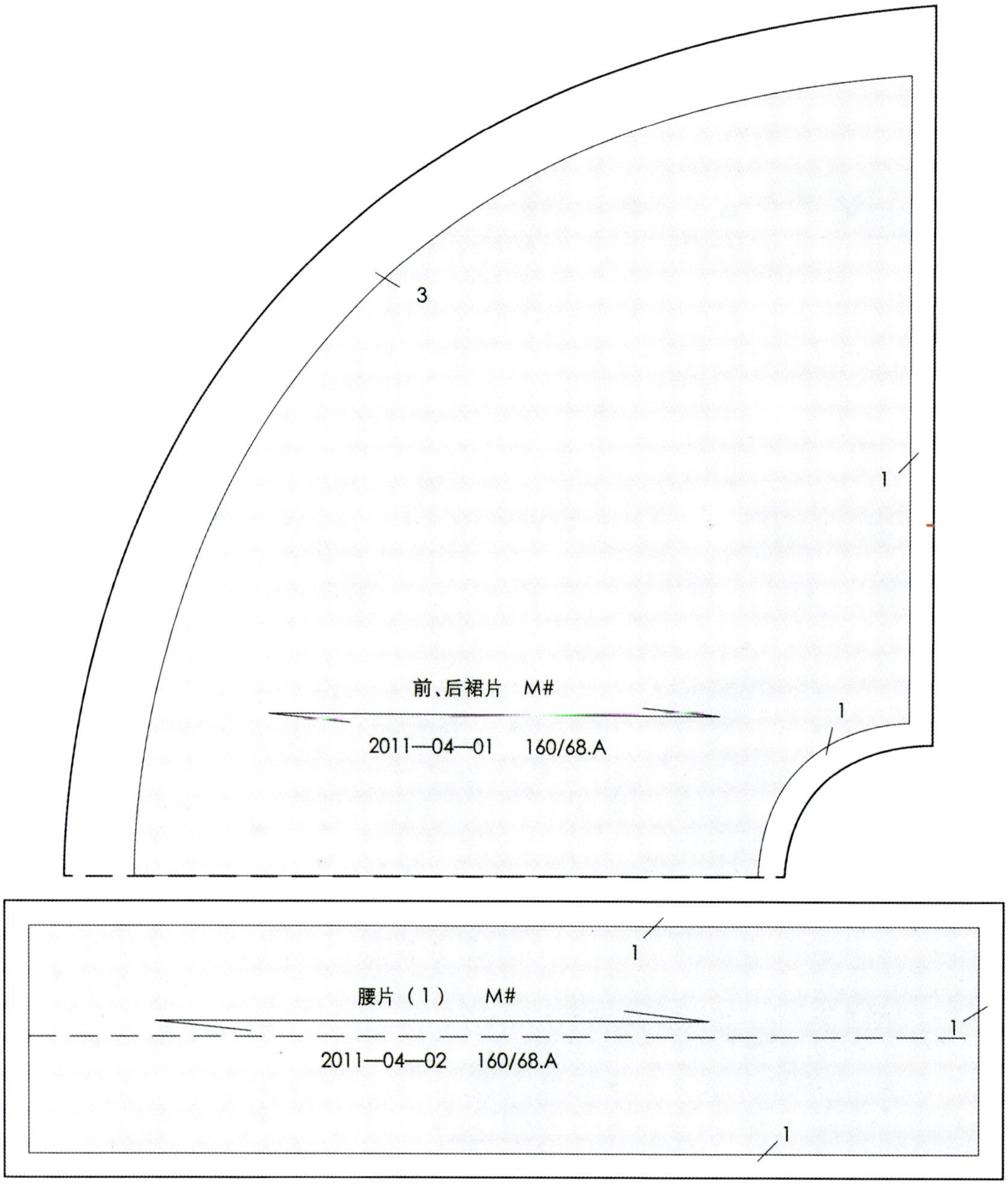

图 1.21

样板裁片

前裙片	1片(整)
后裙片	2片
腰片	1片(里、面)

图 1.22

第五节 不对称裙结构与制板

一、款式分析（图1.23效果图、图1.24款式图）

此款裙子是双层圆形裙，造型为A形伞状，由前身、后身、腰头三部分组成。前后为不对称形；腰部无省道，无臀围尺寸；前后身左右裁开；裙前片为打开状。腰头部位在腰围基础上加入蝴蝶结带子。

二、结构图（图1.25）、放缝图（图1.26）及坯布样衣图（图1.27）

结构图、放缝图及坯布样衣如图所示。

图1.24

图1.23

规格确定

cm

后裙长	76
腰围	68

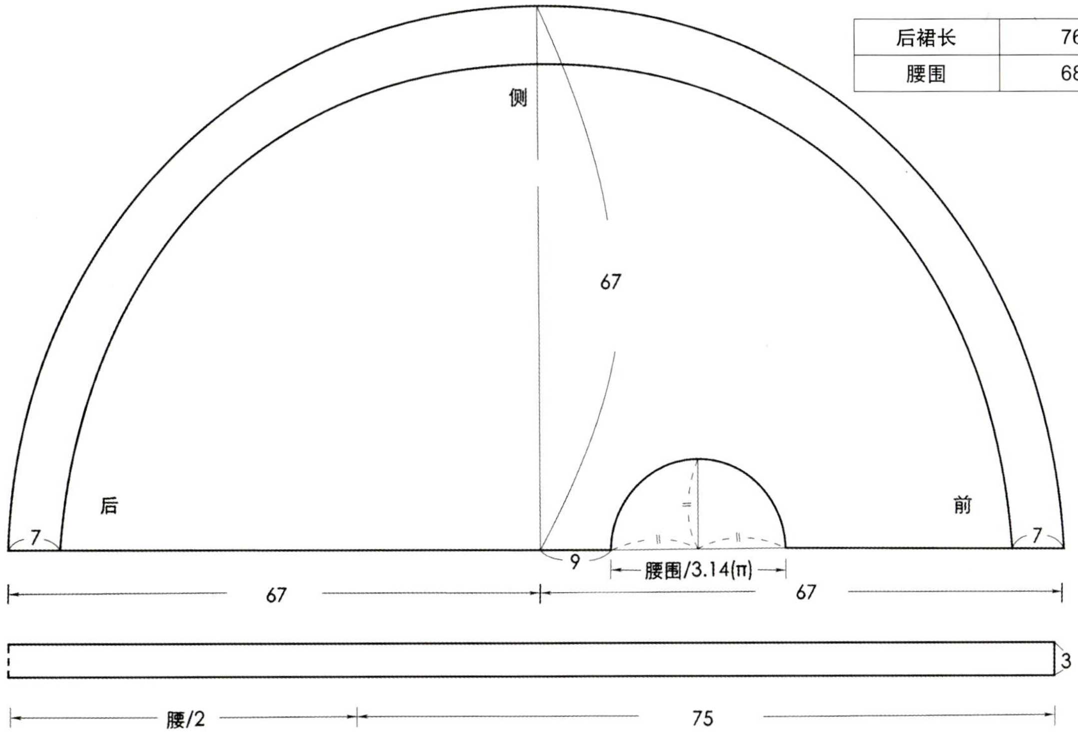

图1.25

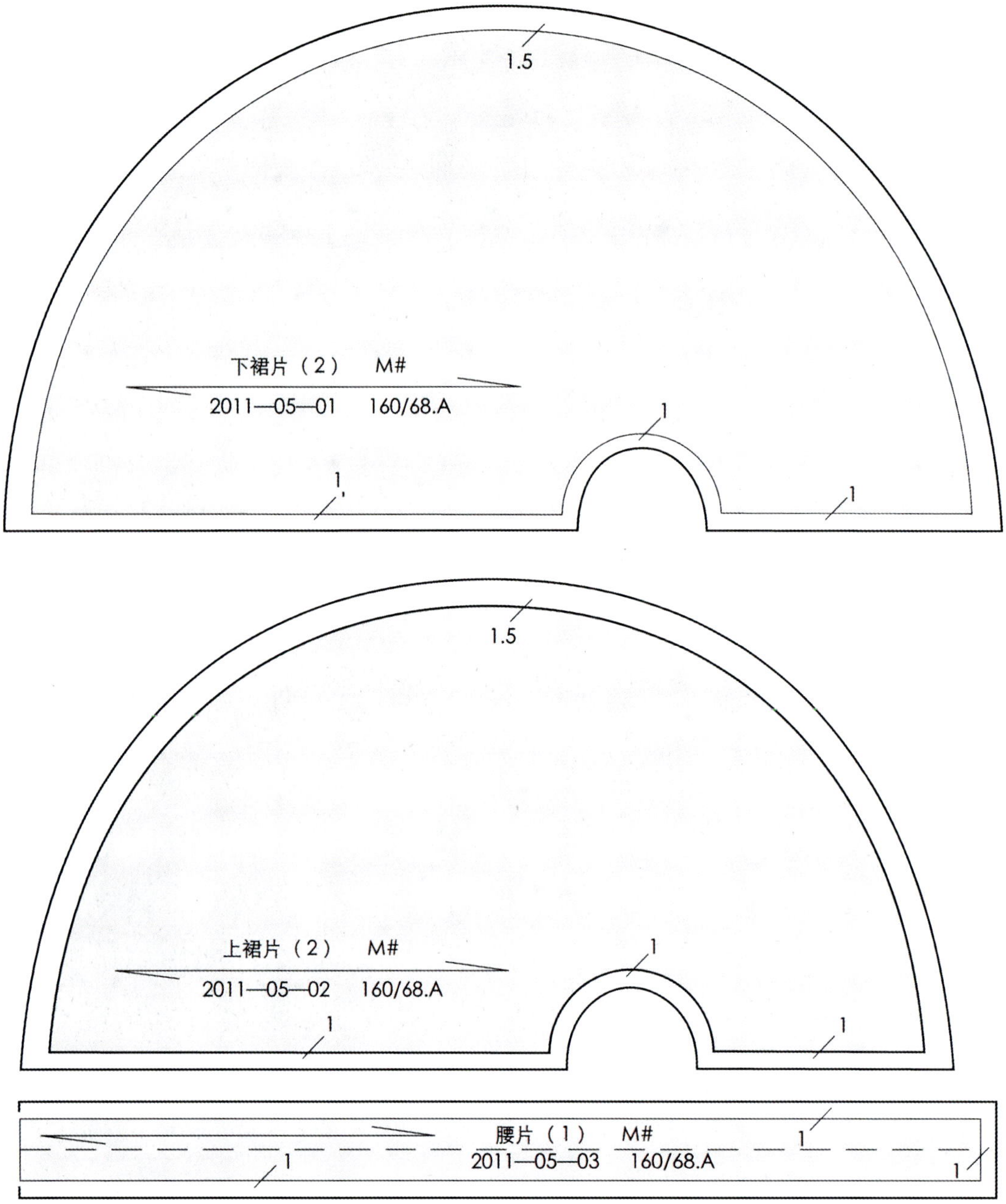

图1.26

样板裁片

上裙片	2片
下裙片	2片
腰片	1片（里、面）

图1.27

三、课后作业

1.设计2款圆裙造型。

2.绘制款式图和1：4比例结构图。

3. 根据结构图准确地分解裁片，绘制出放缝样板，根据样板制作坯布立体造型。

三、实训时间

3周，共计48学时。

四、实训方法

1. 通过教师示范，学生根据教师要求进行基础裤的全套训练。

实训时间：16学时。

2.选择2～3款裤装造型进行技能的拓展训练。

实训时间：32学时。

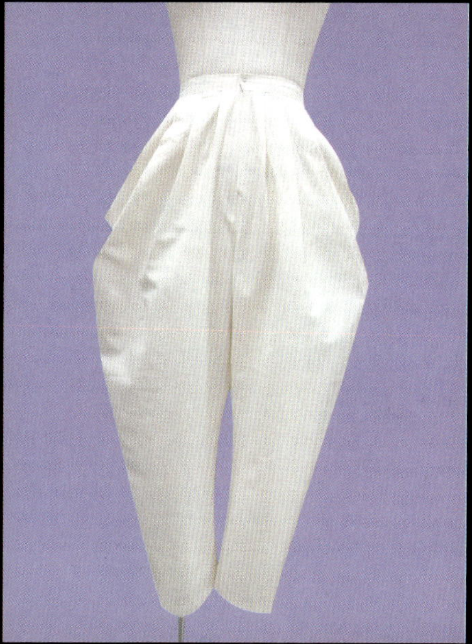

第一节 基础裤结构与制板

学习目标：通过训练，使学生了解裤子效果图和平面款式图的设计表达，掌握成品规格的确定，理解裤子的结构组成关系。

训练重点：成品规格的确定及结构图的绘制。

训练难题：样板制作和坯布样衣的完成。

训练时间：16学时。

一、款式分析（图2.01效果图、图2.02款式图）

此款裤子是裤装中的基本原型，具备了裤子的基本要素。其造型为锥形，由前身、后身、腰头三部分组成。前片腰部左右对称，各有一个省道。后片腰部左右对称，各有两个省道。前身中缝处开拉锁。

图2.01

图2.02

规格确定

cm

裤长	98
立裆	29
腰围	72
臀围	98

二、结构图重点提示（图2.03）

1.前片裤长和立裆均剪掉腰头宽3cm。

2.前片腰围和臀围均按成品规格1/4计算。

3.前片省道宽为前腰围与前臀围差的1/2，省道长是腰臀距的1/2加2cm。

4.前小裆宽是前臀围的1/4减1.3cm。

5.后裆斜线：立裆线上由前裆直线向左1cm，与前裆直线至前裤中线的1/2相连接。

6.后翘高为前臀围1/4的1/3。

7.后腰围按成品规格的1/4计算。

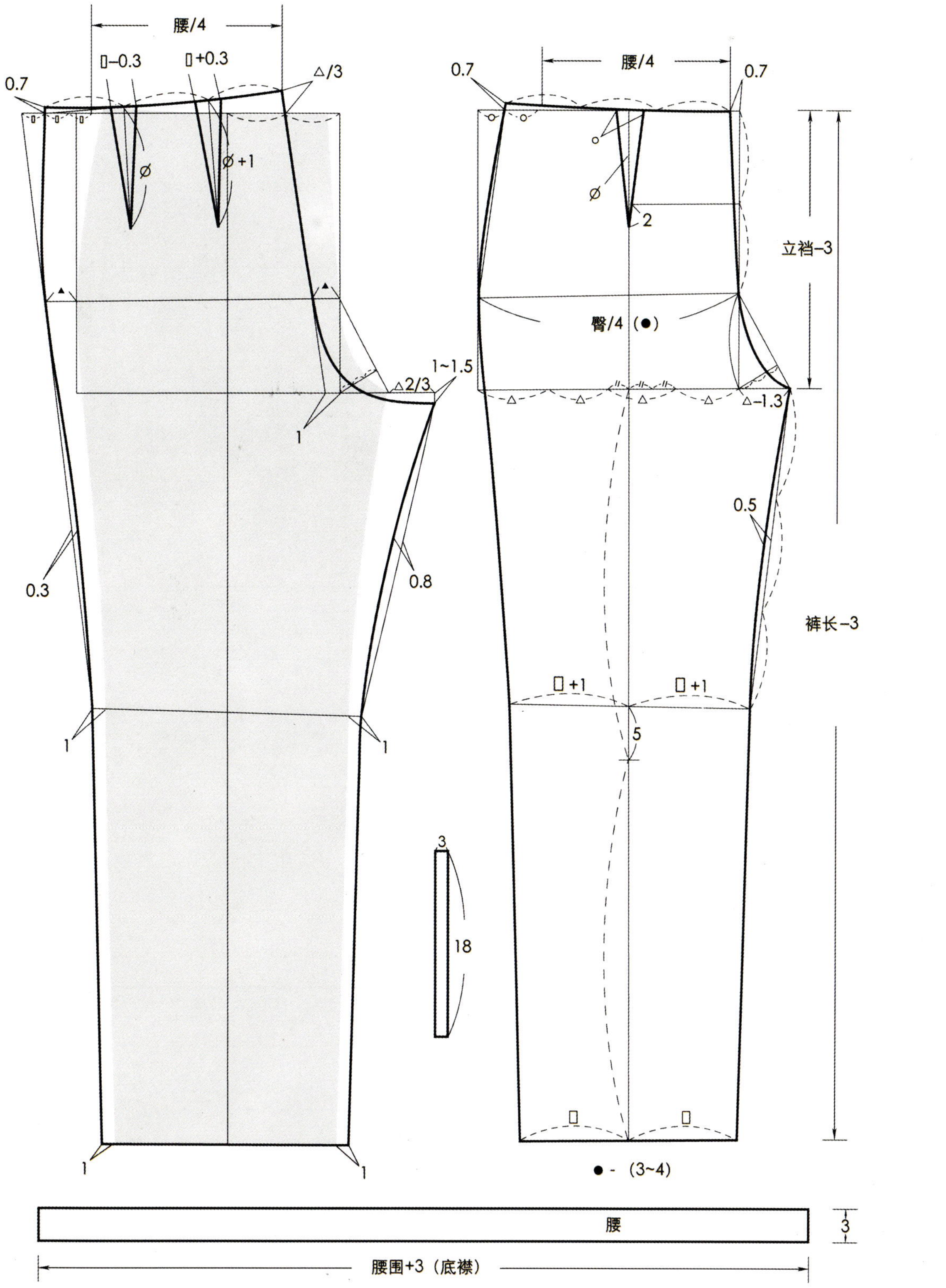

图2.03

三、放缝图（图2.04）和坯布样衣图（图2.05）

放缝图和坯布样衣如图所示。

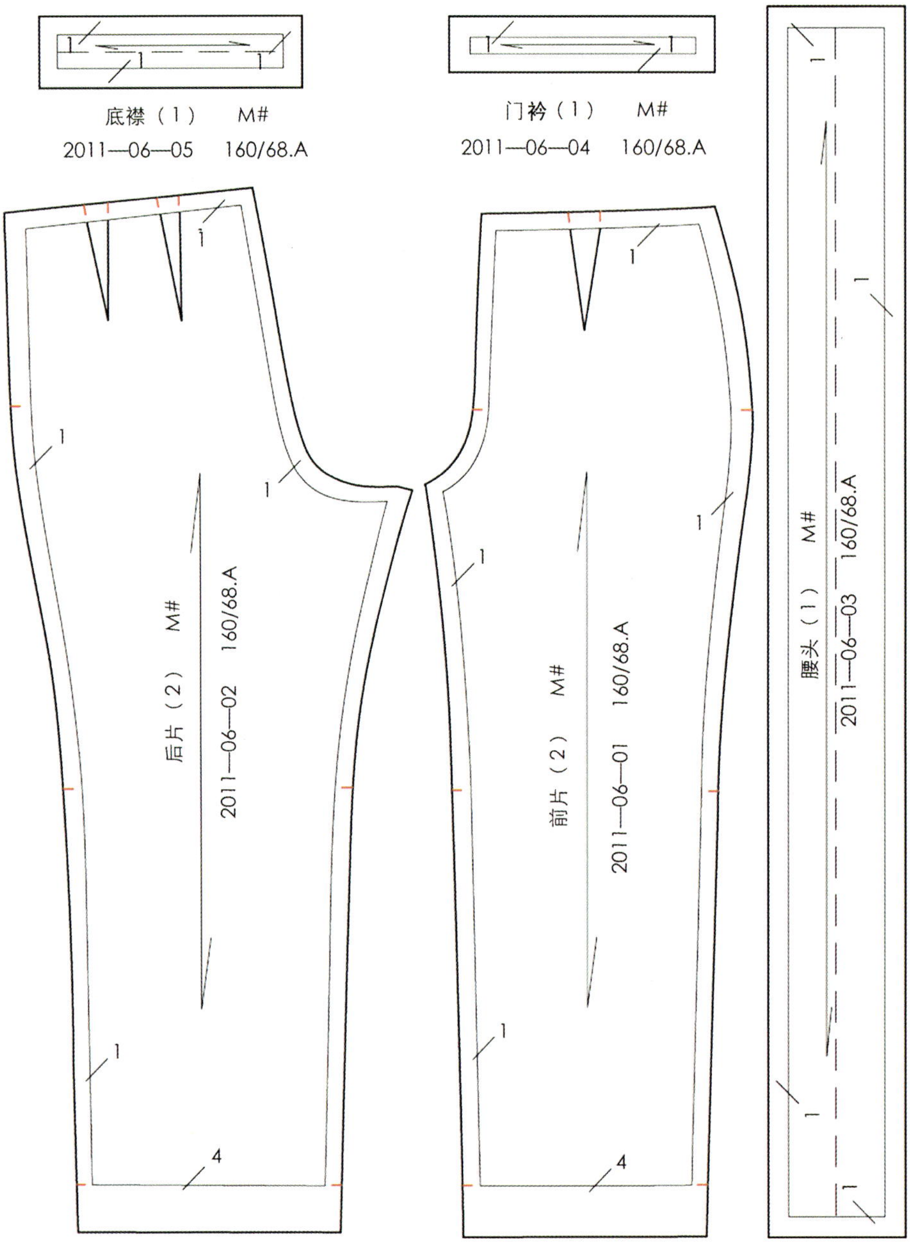

图2.04

样板裁片

前片	2片
后片	2片
腰头	1片（里、面）
门衿	1片
底襟	1片

四、训练要求

1.选择两个不同的体型进行采寸并设计成品规格。

2.根据训练1的规格尺寸绘制1∶1比例结构图。

3.缝制坯布样衣一件。

五、课后作业

1.查找裤子设计造型4～5款。

2.绘制1∶4结构图。

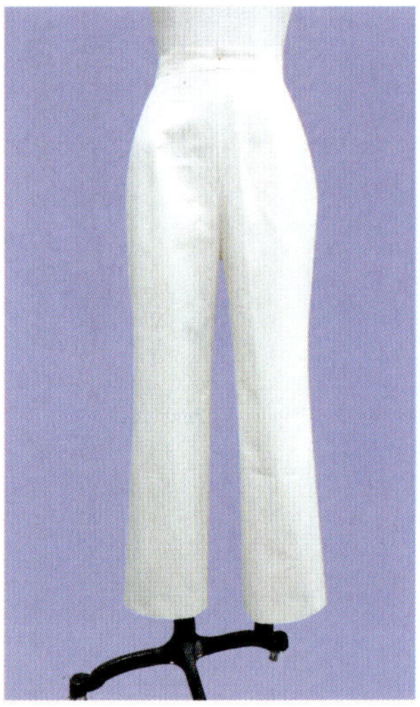

图2.05

第二节 牛仔短裤结构与制板

规格确定

cm

裤长	35
腰围	74
臀围	92
立裆	26

图2.06

一、款式分析(图2.06效果图、图2.07款式图)

此款裤子是牛仔造型的低腰短裤，尺寸合体，由前身、后身、腰头三部分组成。前身左右各一个斜挖袋;后身腰部有斜断身，左右贴袋各一个;腰部为弧线腰头，在前中缝处开拉锁。

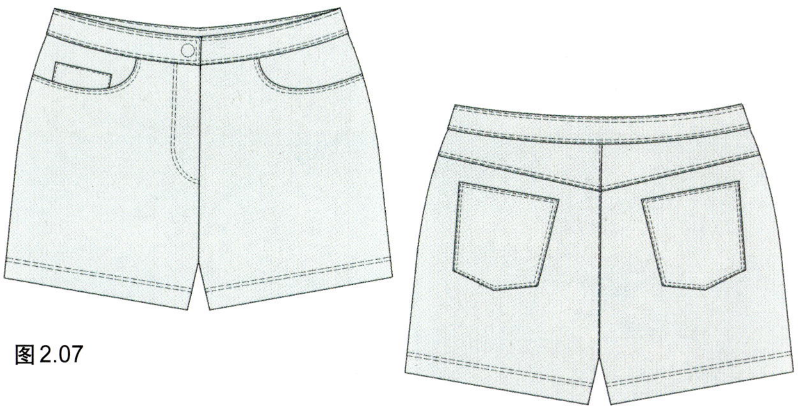

图2.07

二、结构图重点提示(图2.08)

1.前后裤长及立裆均按成品规格绘制水平线、裤口线、立裆线。

2.前后臀围均按成品尺寸的1/4计算。

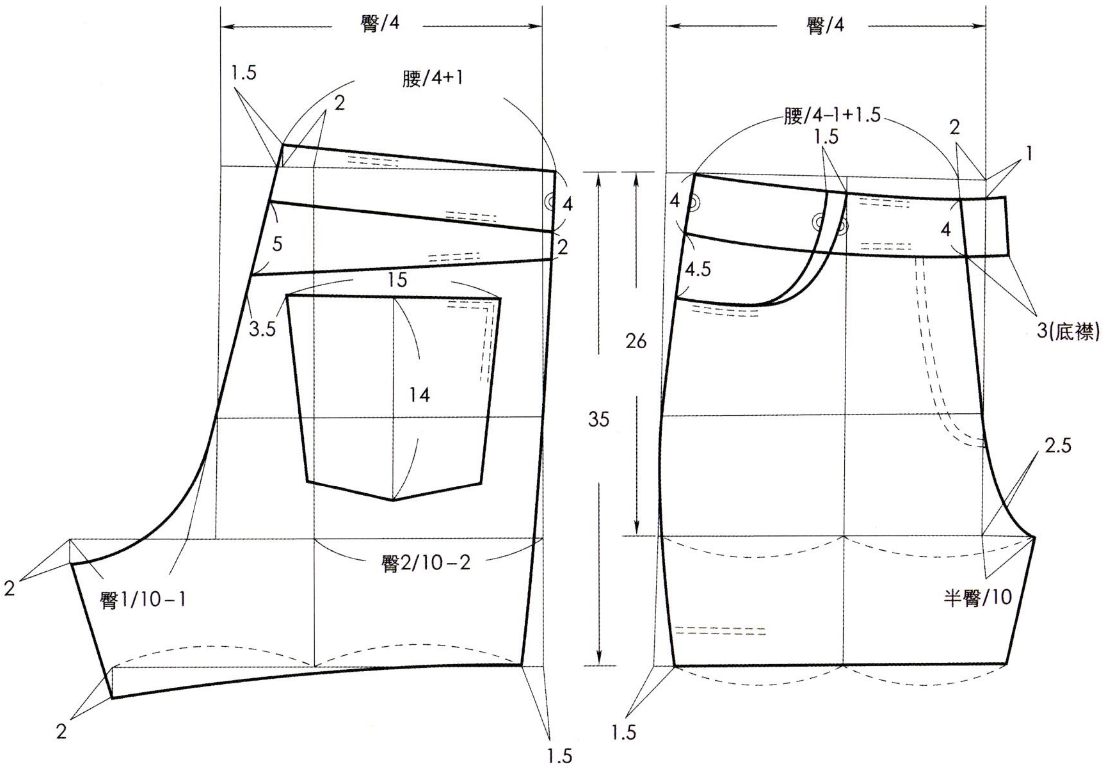

图2.08

3.前腰围按成品尺寸的1/4计算，再加上1.5cm省道宽（此省道在制作样板时转移为暗省）。

4.后裤中线按成品臀围的2/10减2cm计算。

5.后裆宽按成品臀围的1/10减1cm计算。

三、放缝图（图2.09）和坯布样衣图（图2.10）

放缝图和坯布样衣如图所示。

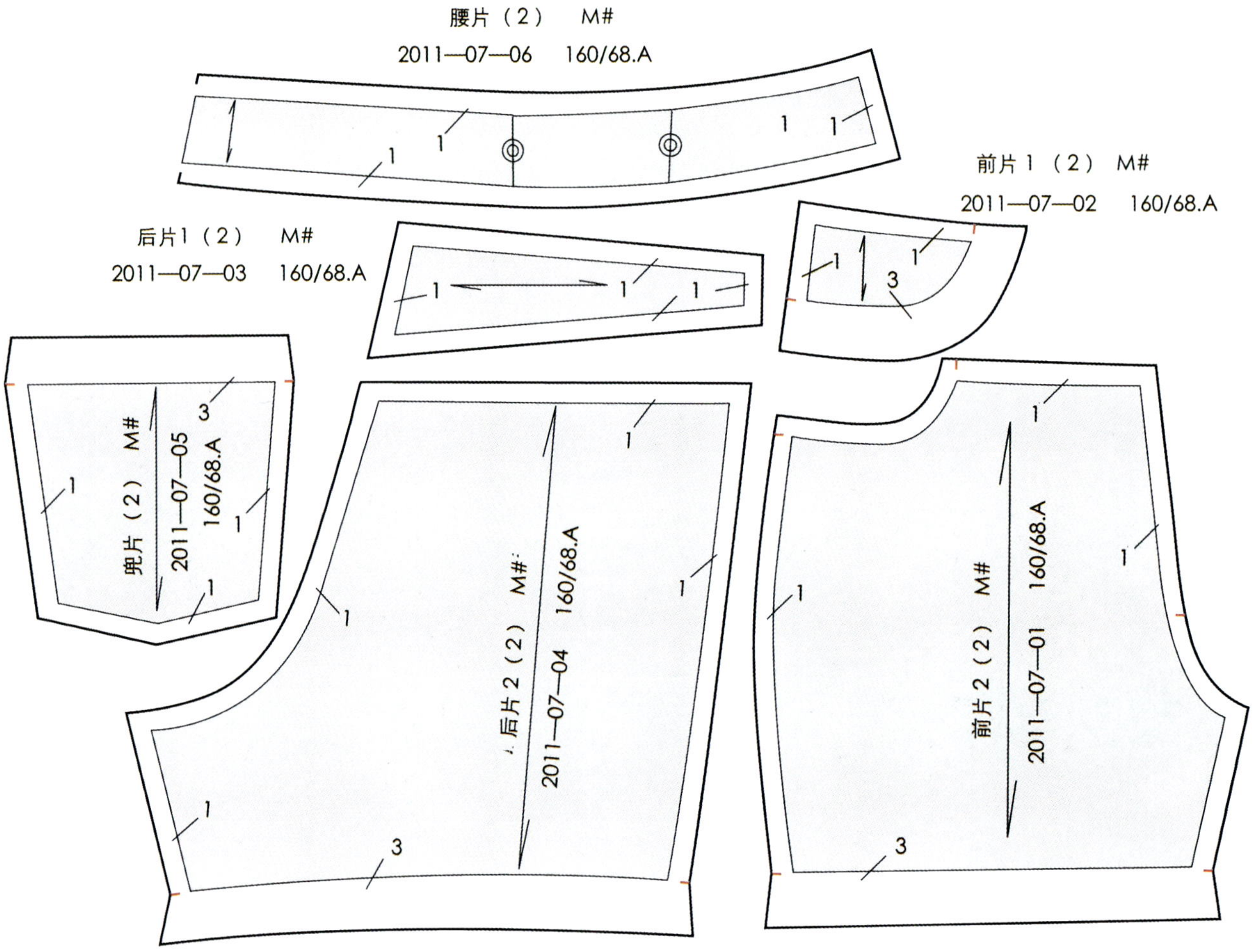

图2.09

样板裁片

前片1	2片
前片2	2片
后片1	2片
后片2	2片
腰片	2片
门衿	1片
底襟	1片
兜片	2片

图2.10

第三节 休闲裤结构与制板

一、款式分析（图2.11效果图、图2.12款式图）

此款裤子呈H形造型，由前身、后身、腰头三部分组成。立裆以上部位类似牛仔裤造型，腰部为直腰头，在前中缝处开拉锁。裤筒下端出现两条分割线，均缝制明线，裤口为收口状。

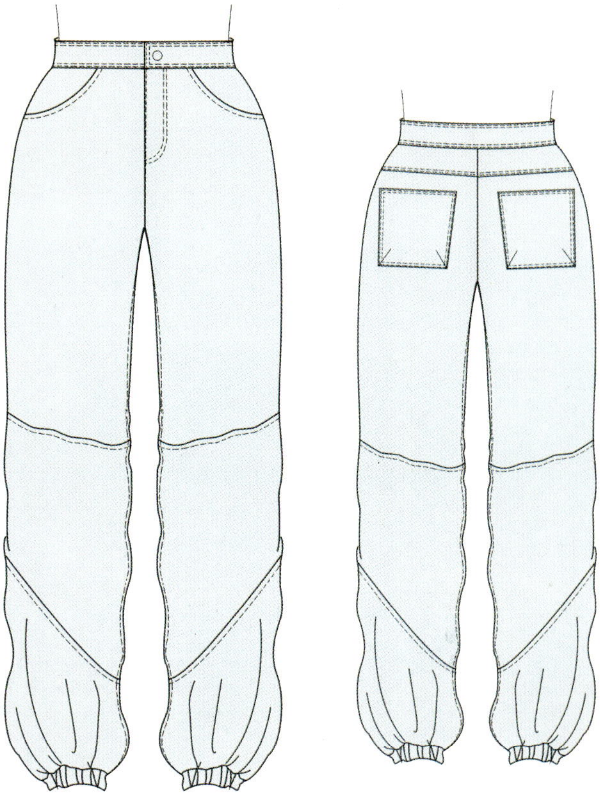

图2.12

图2.11

规格确定

cm

裤长	100
腰围	72
臀围	96
立裆	27
裤口	23

二、结构图重点提示（图2.13）

1.前片裤长和立裆均剪掉腰头宽3cm。

2.前片腰围和臀围均按成品规格的1/4计算。

3.前片省道宽1.5cm，缝制时为暗省。

4.前小裆宽是前臀围的1/4减1cm。

5.后裆斜线：立裆线上由前裆直线向左1cm，与前裆直线至前裤中线的1/3相连接。

6.后翘高为2cm，后腰围按成品规格的1/4计算，省道宽1.5cm。

三、放缝图（图2.14）和坯布样衣图（图2.15）

放缝图和坯布样衣如图所示。

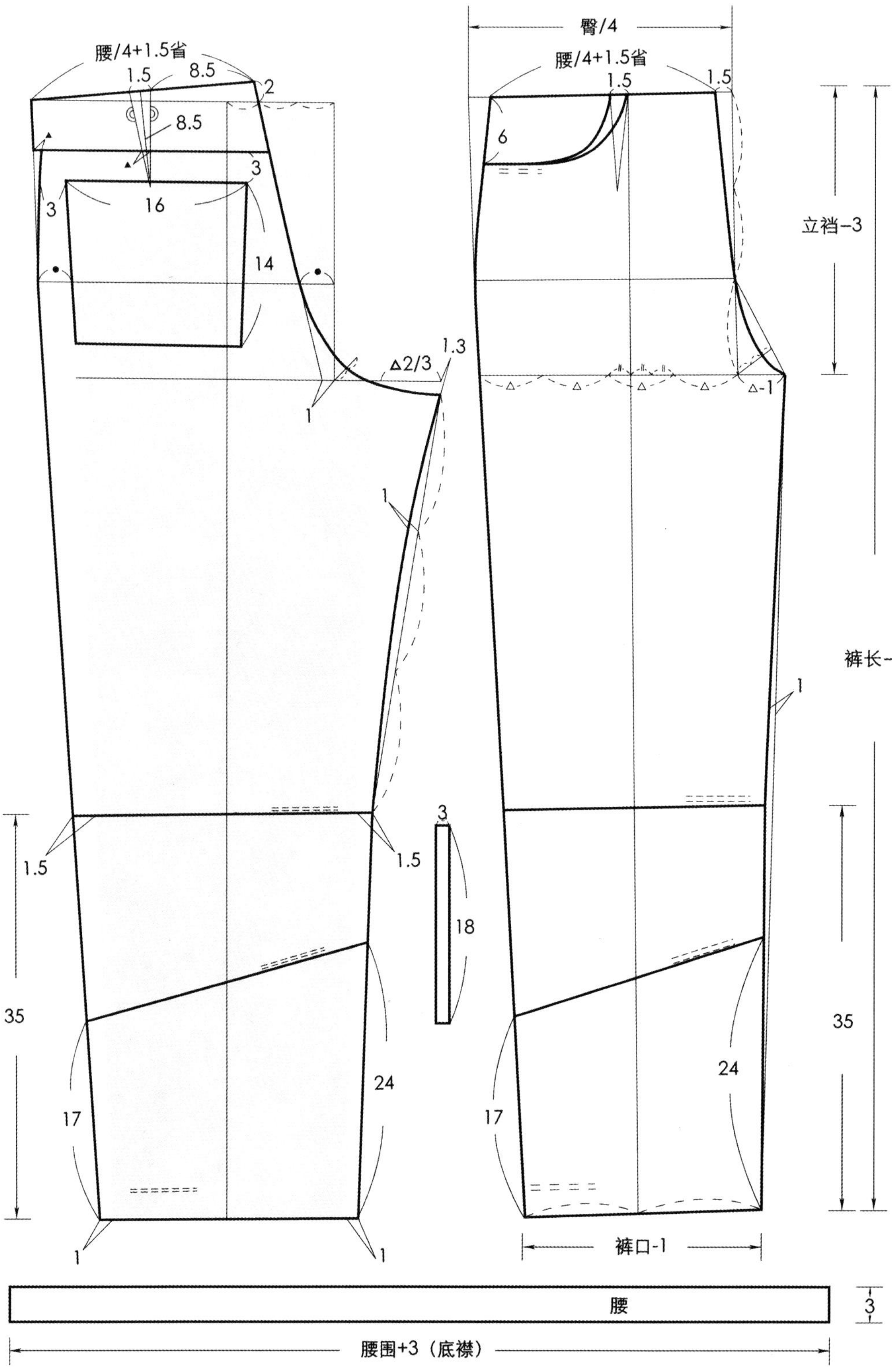

图2.13

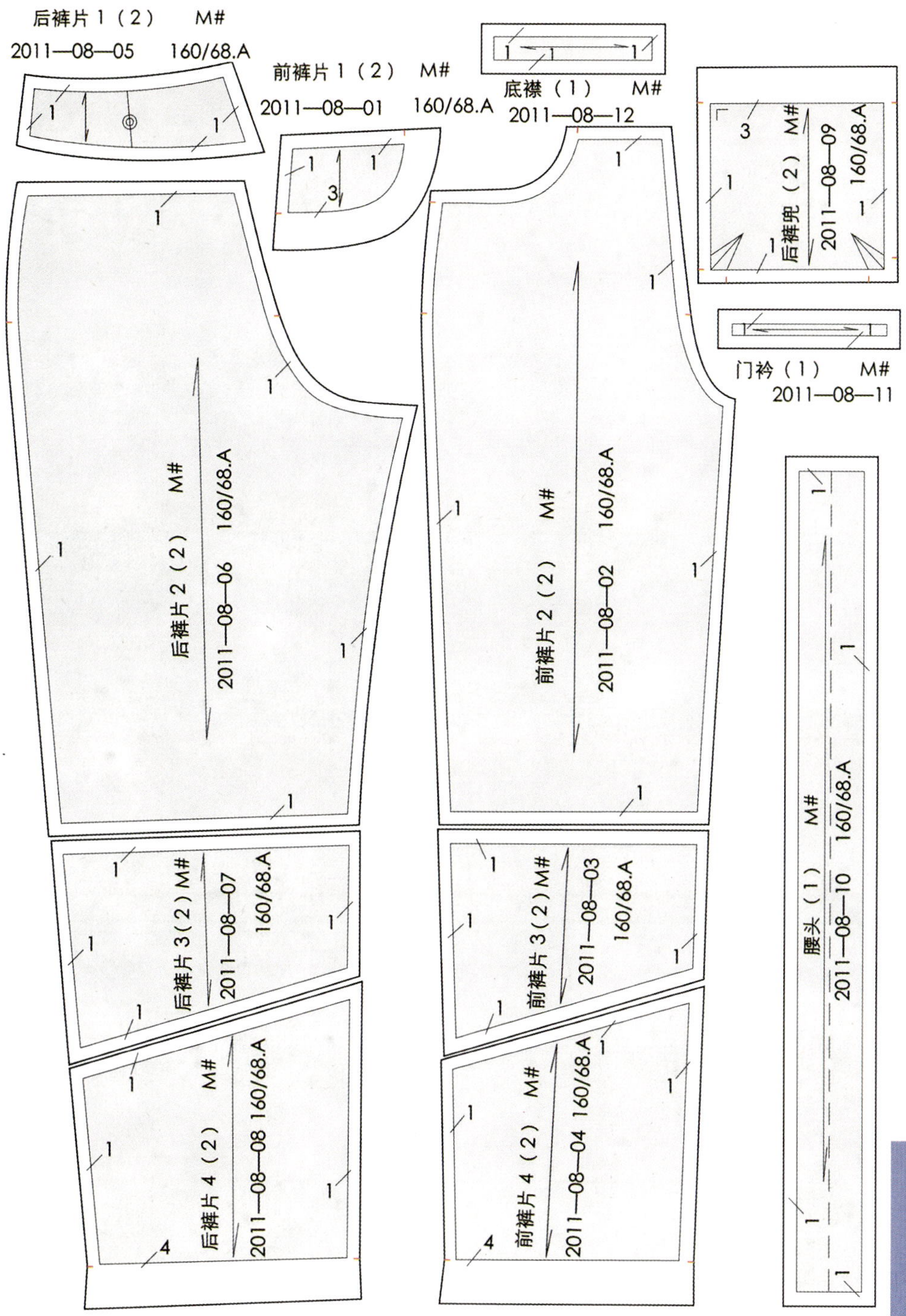

图2.14

样板裁片

前褲片1	2片	后褲片1	2片
前褲片2	2片	后褲片2	2片
前褲片3	2片	后褲片3	2片
前褲片4	2片	后褲片4	2片
腰头	1片	底襟	1片
门衿	1片	后褲兜	2片

四、课后作业

1.根据此款褲子造型设计2款休闲褲。

2.绘制款式图和1：4比例结构图。

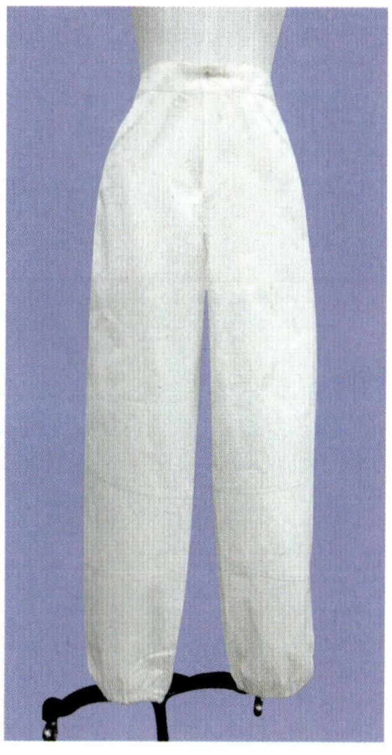

图2.15

第四节　褶裤结构与制板

一、款式分析(图2.16效果图、图2.17款式图)

此款裤子为宽松造型,分别由前身、后身、腰头三部分组成。无须设计臀围尺寸,可通过腰部的褶量加大臀部的松度。前身腰部左右对称各有5个倒褶,立裆应稍长些,裤口较小,可随意在前后中缝处开拉锁。

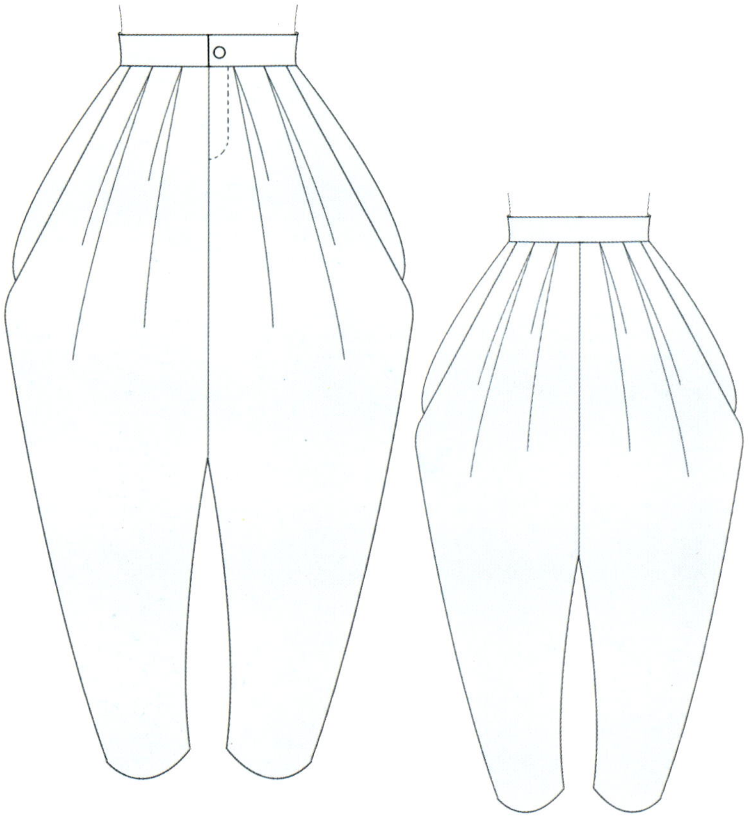

图2.17

图2.16

规格确定

cm

裤长	88
腰围	68
立裆	33
裤口	18

二、结构图重点提示（图2.18）

1.此款结构图的前后片重叠在一起绘制，裤长和立裆均剪掉腰头宽3cm。

2.腰围部位根据成品规格的1/4计算。

3.腰部的褶量根据设计造型设定为25cm，共5个（也可根据此数量加减）倒褶。

4.腰口翘度可根据褶的下垂量进行加减。

5.侧缝处为直线连折，前后片为整片裁剪。

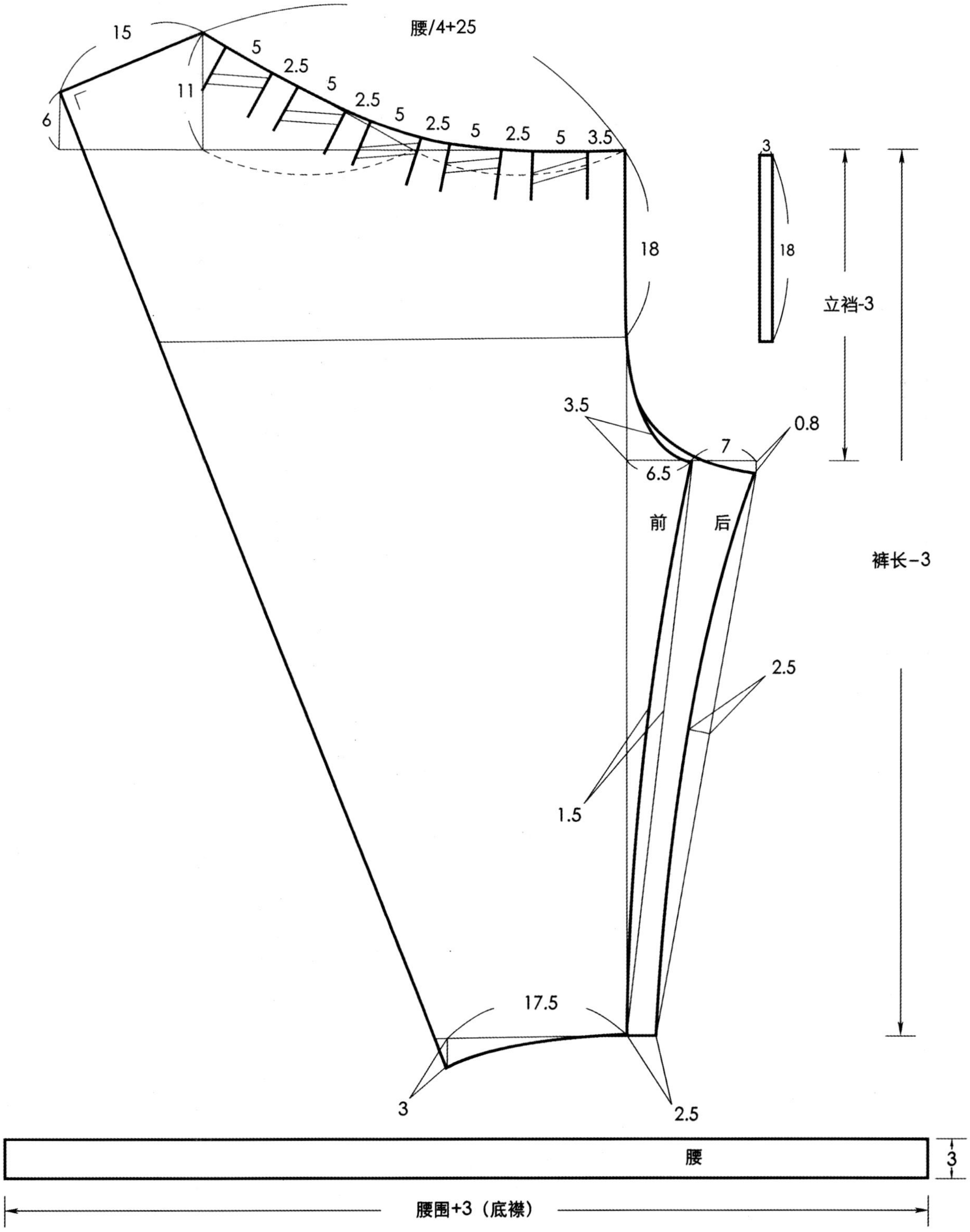

图2.18

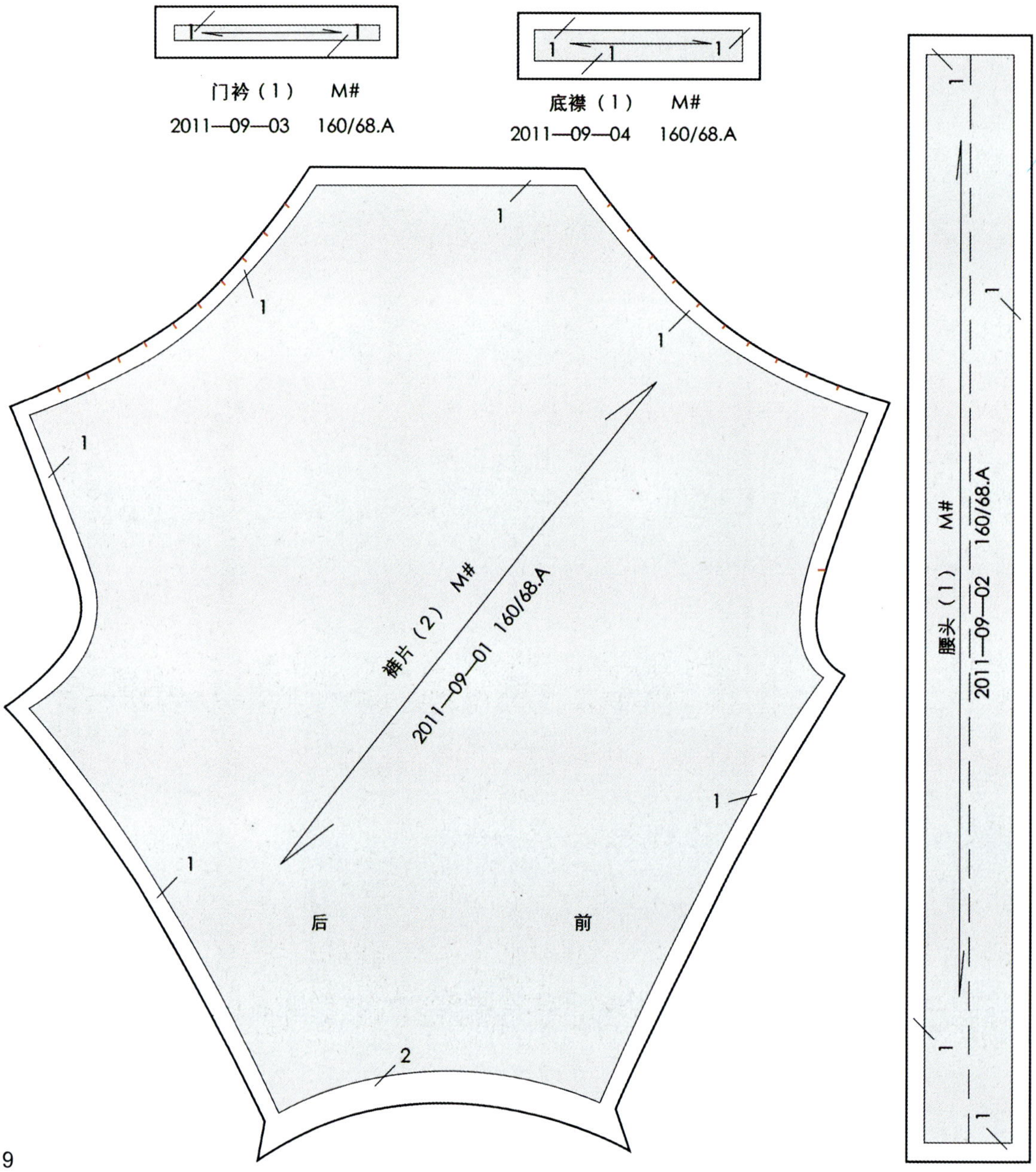

图2.19

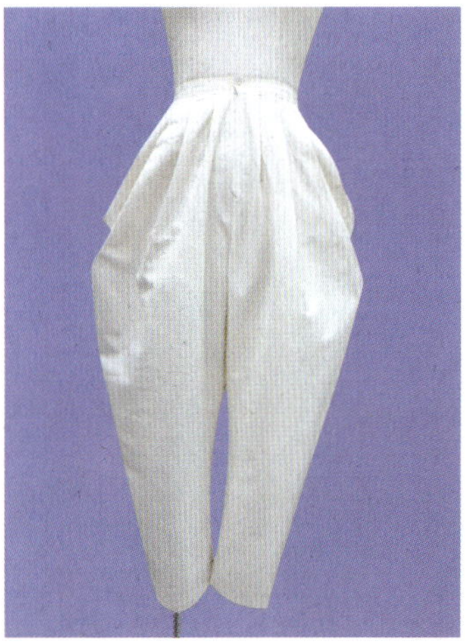

图2.20

样板裁片

前后裤片	2片
腰头	1片（里、面）
门衿	1片
底襟	1片

三、放缝图（图2.19）和坯布样衣图（图2.20）

放缝图和坯布样衣如图所示。

四、训练要求

1.设计1～2款宽松造型的裤子，确定成品规格尺寸，绘制1：1比例结构图。

2.缝制坯布样衣一件。

五、课后作业

1.查找裤子设计造型4～5款。

2.根据造型分析结构关系。

第三章 衬衫结构与制板

一、实训内容

第一节 基础衬衫结构与制板
第二节 立领衬衫结构与制板
第三节 飘带衬衫结构与制板
第四节 插肩袖衬衫结构与制板

二、实训目的

1.通过对衬衫类服装造型的结构绘制，使学生理解衬衫的结构关系，准确地设计成品规格尺寸。

2. 通过训练，使学生掌握衬衫效果图、款式图的表达；并根据设计造型合理地绘制出结构图。

3. 根据结构图准确地分解裁片，绘制出放缝样板，根据样板制作坯布立体造型。

三、实训时间

3周，共计48学时。

四、实训方法

1. 通过教师示范，学生根据教师的要求进行基础衬衫全套训练。

实训时间：16学时。

2.选择2～3款衬衫造型进行技能的拓展训练。

实训时间：32学时。

第一节 基础衬衫结构与制板

学习目标：通过训练，使学生了解衬衫效果图和平面款式图的设计表达，掌握规格的确定，理解衬衫的结构组成关系。

训练重点：款式规格的确定及结构图的绘制。

训练难题：样板制作和坯布样衣的完成。

训练时间：16学时。

图3.01

一、款式分析（图3.01效果图、图3.02款式图）

此款造型是衬衫中的基本原型，具备了衬衫的基本要素，由前身、后身、袖子和领子四部分组成。前身中缝有搭门，单排扣共5粒扣子；领子为关门领；袖子为一片圆肩袖，袖口呈散口状；前片腋下有省道，衣摆为直身下摆。

规格确定

cm

衣长	58
肩宽	38
胸围	94
袖长	54
袖口	23

图3.02

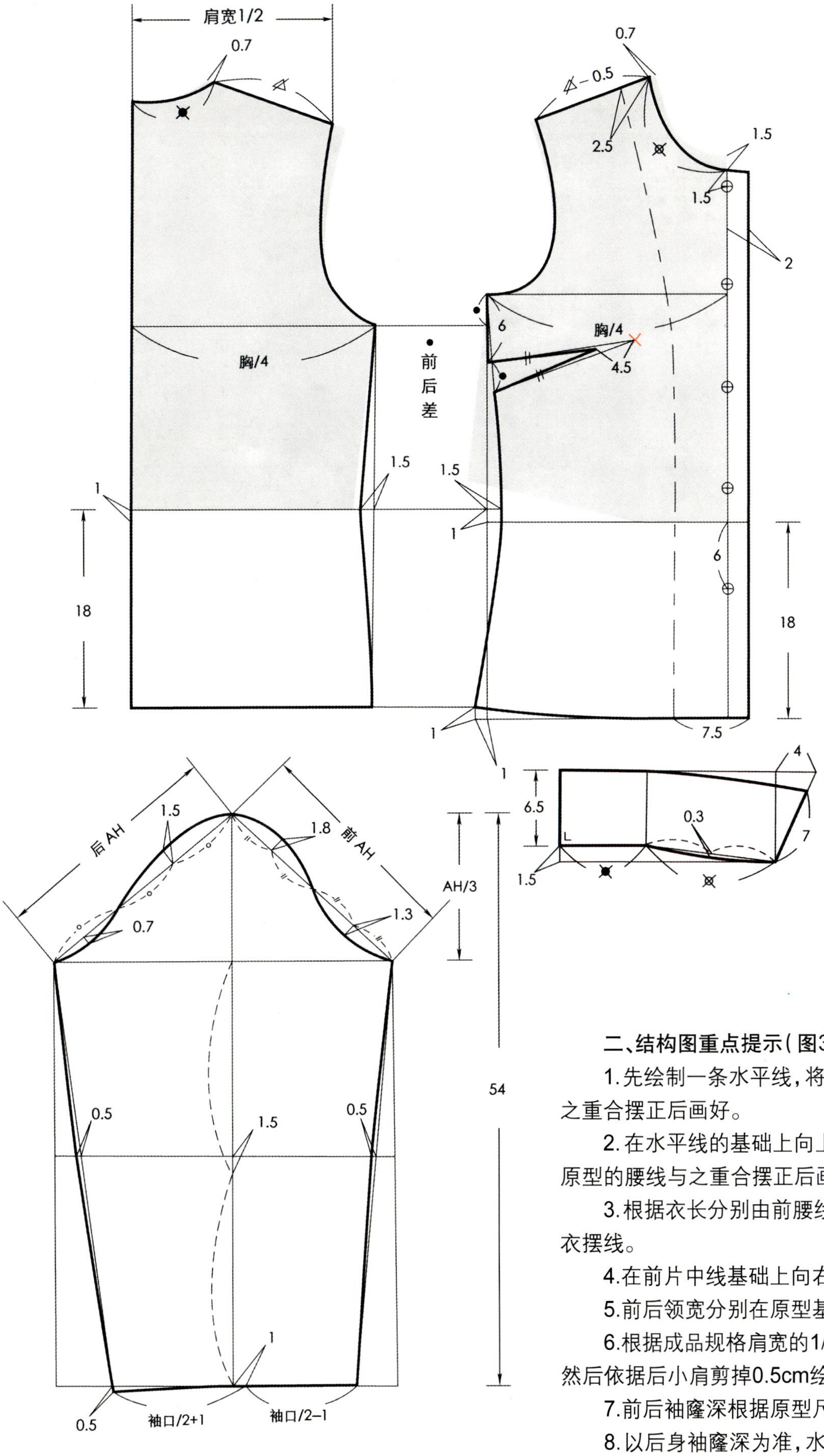

图3.03

二、结构图重点提示(图3.03)

1.先绘制一条水平线，将前片原型的腰线与之重合摆正后画好。

2.在水平线的基础上向上1cm画线，将后片原型的腰线与之重合摆正后画好。

3.根据衣长分别由前腰线、后腰线向下画出衣摆线。

4.在前片中线基础上向右加出搭门量2cm。

5.前后领宽分别在原型基础上放宽0.7cm。

6.根据成品规格肩宽的1/2先确定后片肩宽，然后依据后小肩剪掉0.5cm绘制前小肩。

7.前后袖窿深根据原型尺寸绘制。

8.以后身袖窿深为准，水平画线至前身并量出前后差的宽度，即省道宽。

9.袖长为成品规格，袖深线是前后衣身袖窿弧线长度(AH)的1/3。

10.袖肥：测量前衣片袖窿弧线为前AH，测量后衣片袖窿弧线为后AH，根据其长度由袖山高分左右向袖深线上画。

11.领子绘制：测量前领口和后领口尺寸，绘制1/2领子，领子宽为6.5cm。

三、放缝图(图3.04)和坯布样衣图(图3.05)

放缝图和坯布样衣如图所示。

四、训练要求

1.选择两个不同的体型进行采寸并设计成品规格。

2.根据训练1的规格尺寸绘制1∶1比例结构图。

3.缝制坯布样衣一件。

五、课后作业

1.查找衬衫设计造型4～5款。

2.绘制1∶4结构图。

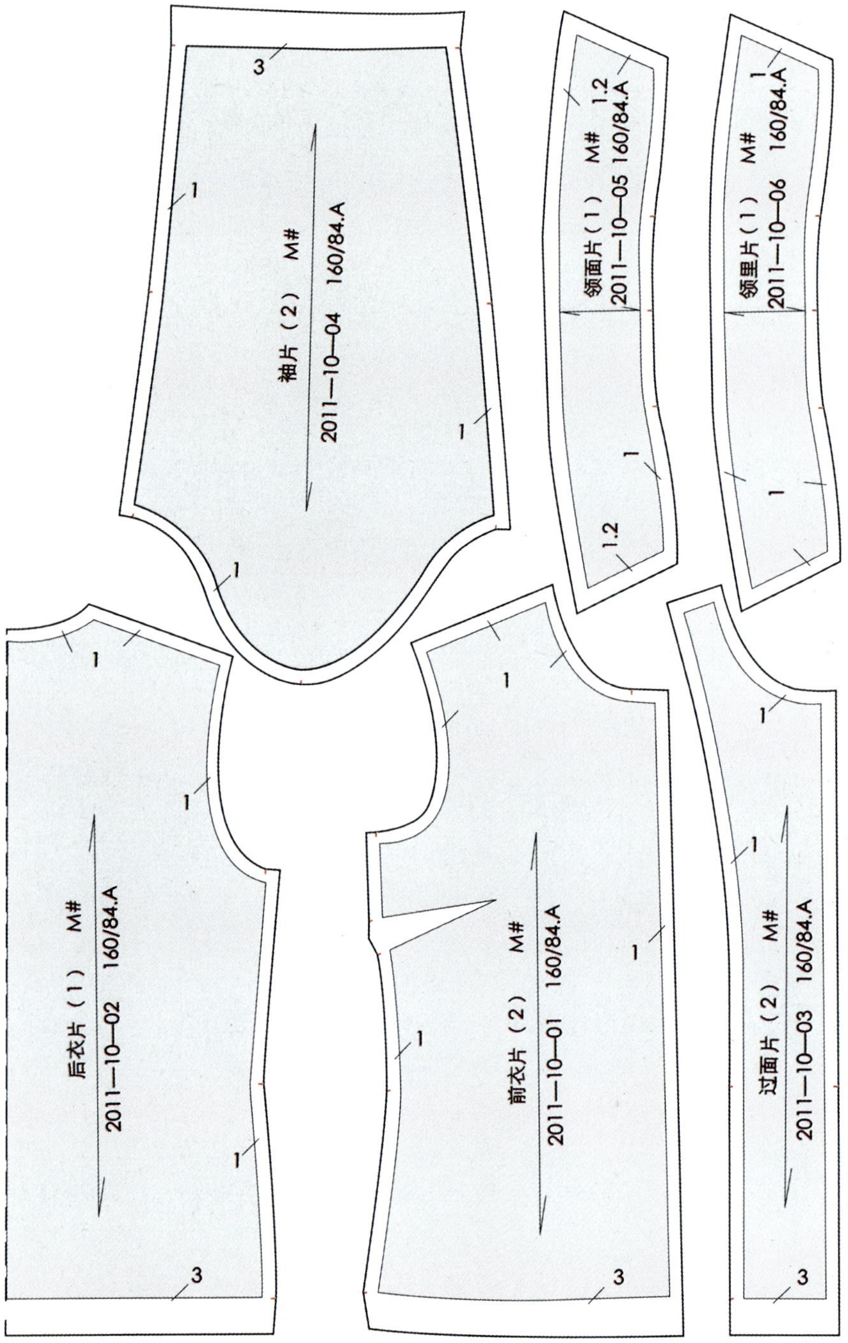

图3.04

图3.05

样板裁片

前衣片	2片
后衣片	1片(整)
袖片	2片
领里片	1片
领面片	1片
过面片	2片

第二节　立领衬衫结构与制板

一、款式分析（图3.06效果图、图3.07款式图）

此款衬衫是宽松造型，由前身、后身、袖子和领子四部分组成。前身为整片，前胸部位有弧线分割线，育克片加入平行褶，有搭门、单排扣共5粒扣子；衣身下片加入了倒褶；领子为立领；袖子为一片袖，袖山稍有褶皱，袖口用袖头收紧；后片中部加入了褶装饰，衣摆为圆弧下摆。

图3.06

图3.07

规格确定

cm

衣长	58
肩宽	38
胸围	94
袖长	54
袖口	23

二、结构图重点提示

（一）身结构图（图3.08）

1.先绘制一条水平线，将前片原型的腰线与之重合摆正后画好。

2.测量水平线至原型侧缝底点的1/2并向左画后身腰线，将后片原型的腰线与之重合摆正后画好。

3.根据衣长分别由前腰线、后腰线向下画出衣摆线。

4.前后领宽分别在原型基础上放宽0.5cm，前领深在原型基础上向下1.5cm。

5.先确定后肩宽，然后依据后小肩剪掉0.3cm绘制前小肩。在前片肩宽点基础上向里6cm，于前中线上胸围线向下的8cm画出育克分割线。

6.在前片中线基础上向右加出搭门量1.5cm。

7.在原型的胸围线上根据成品胸围计算1/4，然后画出后袖窿弧线，再根据后身袖窿深的高度画出前袖窿弧线。

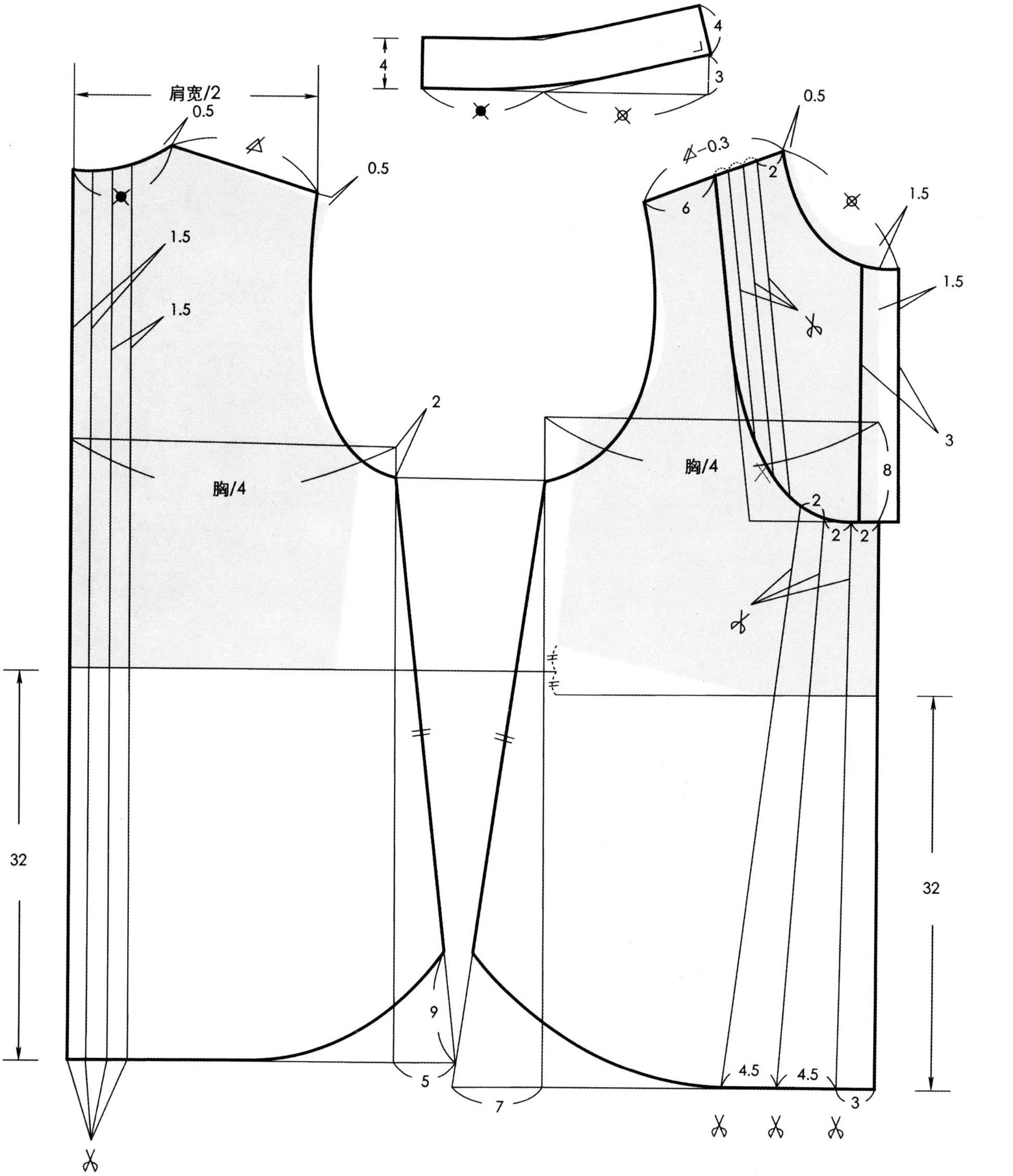

图3.08

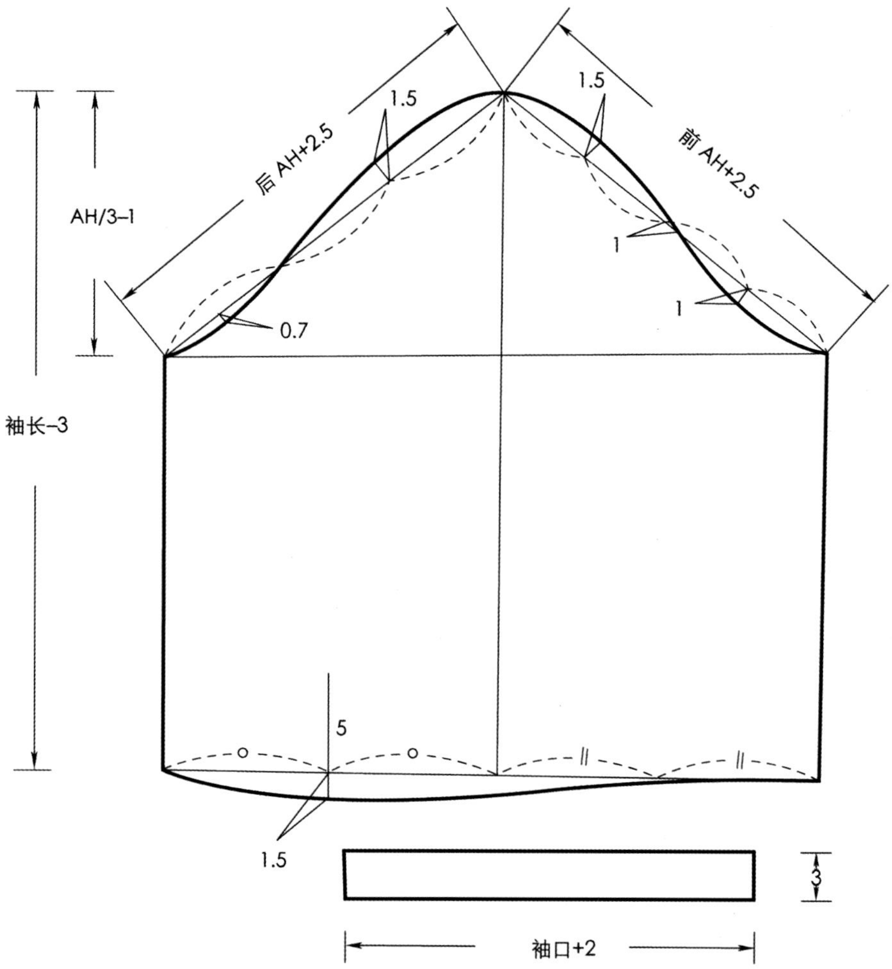

图3.09

（二）袖结构图（图3.09）

1.袖长为成品规格剪掉3cm袖头宽。

2.袖深为前后衣身袖窿弧线长度（AH）的1/3减1cm。

3.袖肥：测量前衣片袖窿弧线为前AH，测量后衣片袖窿弧线为后AH，根据其长度分别加2.5cm褶量，然后由袖山高分左右向袖深线上画。

4.袖口在袖根肥的基础上画直线。

5.袖头长为袖口的成品尺寸加2cm搭门宽，袖头宽度为3cm。

三、放缝图（图3.10袖放缝图、图3.11身放缝图）和坯布样衣图（图3.12）

放缝图和坯布样衣如图所示。

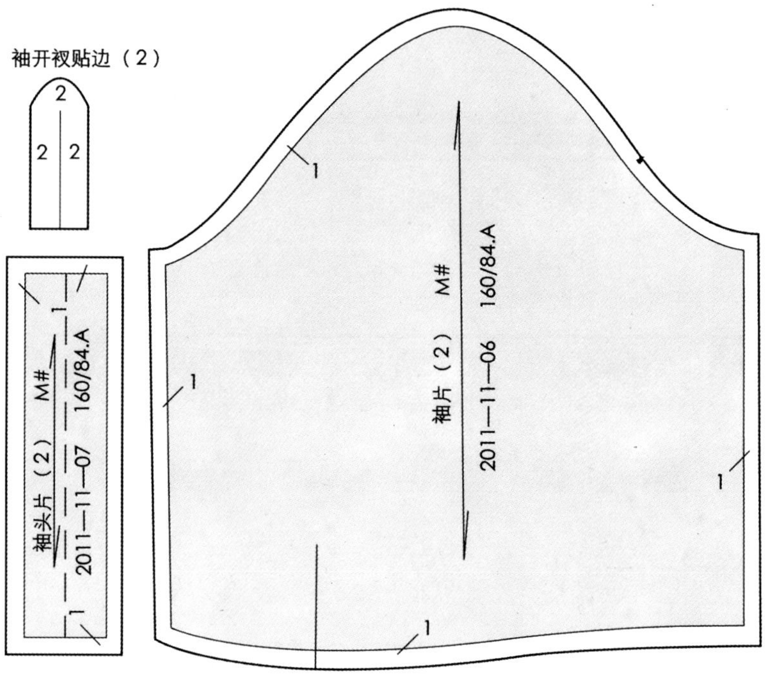

图3.10

样板裁片

前片1	2片
前片2	1片（整）
前片3	2片（整）
后片	1片（整）
袖片	2片
袖头片	2片
袖开衩贴片	2片
领子片	2片

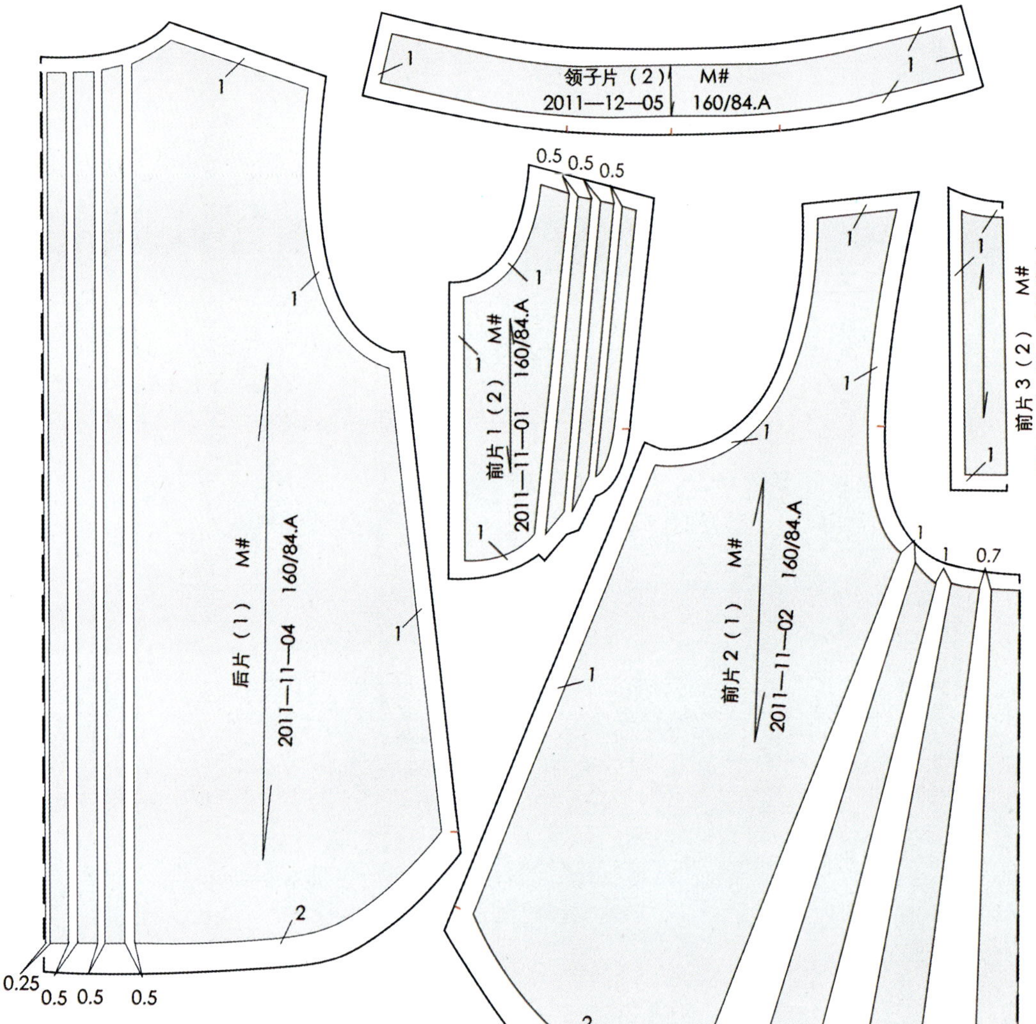

图3.11

图3.12

四、训练要求

1.根据选定的设计款进行采寸并设计成品规格。

2.根据训练1的规格尺寸绘制1：1的比例结构图。

3.缝制坯布样衣一件。

五、课后作业

1.查找衬衫设计造型4～5款。

2.绘制平面款式图。

第三节 飘带衬衫结构与制板

一、款式分析（图3.13效果图、图3.14款式图）

此款衬衫是合体造型，由前身、后身、袖子和领子四部分组成。前身分割线较多，胸部横分割线加入飘带，腰部采用竖线分割进行收腰，前中有搭门、单排扣。领子为立翻领。袖子为一片袖，袖山褶皱为泡泡袖造型，袖口用袖头收紧。后片中缝有分割线，左右对称用刀背线收腰。

图3.13

图3.14

规格确定

cm

衣长	55
肩宽	38
胸围	92
袖长	19
袖口	30

二、结构图重点提示（图3.15）

1.前片领深是在原型胸围线的基础上向上1cm，前后领宽均在原型基础上向肩端部位开宽1cm。

2.胸围大小根据原型胸围侧缝点向下画侧缝直线。

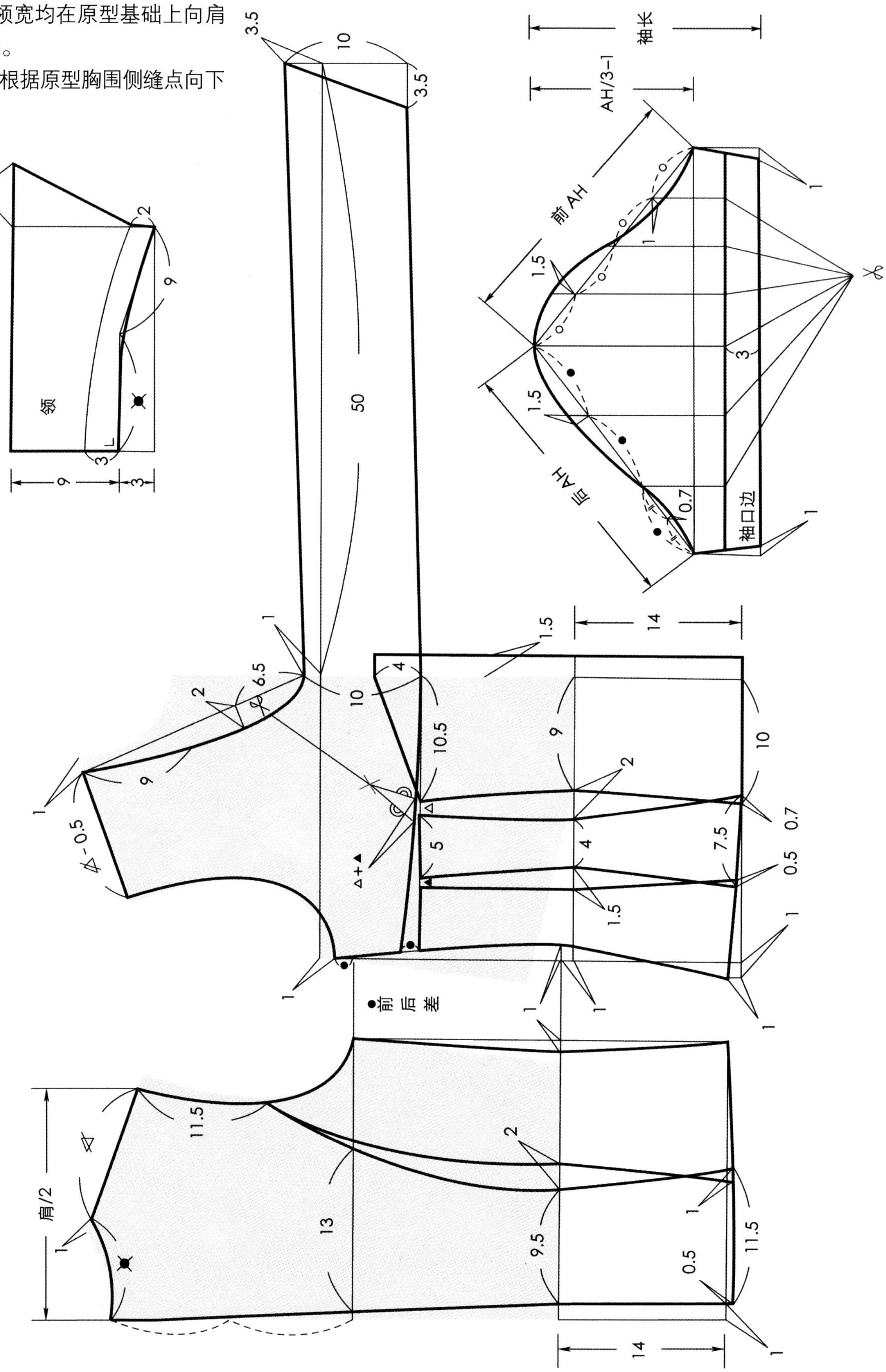

图3.15

3.在领深的基础上向下10cm并向左画直线为横分割线，根据此线在侧缝处向上画出前后差量。

4.在领深向下10cm的基础上再向上4cm，如图示与前竖分割线10.5cm连线为下身横分割轮廓线。

5.后片袖窿深在原型基础上不变，前片袖窿深在原型基础上向下1cm。

6.袖肥：测量前衣片袖窿弧线为前AH，测量后衣片袖窿弧线为后AH，根据其长度分别由袖山高分左右向袖深线上画。

三、前片、袖片展开图说明（图3.16）

1.根据结构图先将全部裁片剪成净纸样，然后将断身线剪开。

2.前上片部分将省道合并，用剪刀打开结构图中所标注的线条，然后根据领口上方线条将领口飘带线条画圆顺。

3.沿袖片的等分线剪开，先按放缝图中所标注的数据平行打开，然后将袖山弧线重新修顺畅，袖口在直线基础上向下1.5cm，将袖口线画圆顺。

四、放缝图（图3.17—图3.18）和坯布样衣图（图3.19）

放缝图和坯布样衣如图所示。

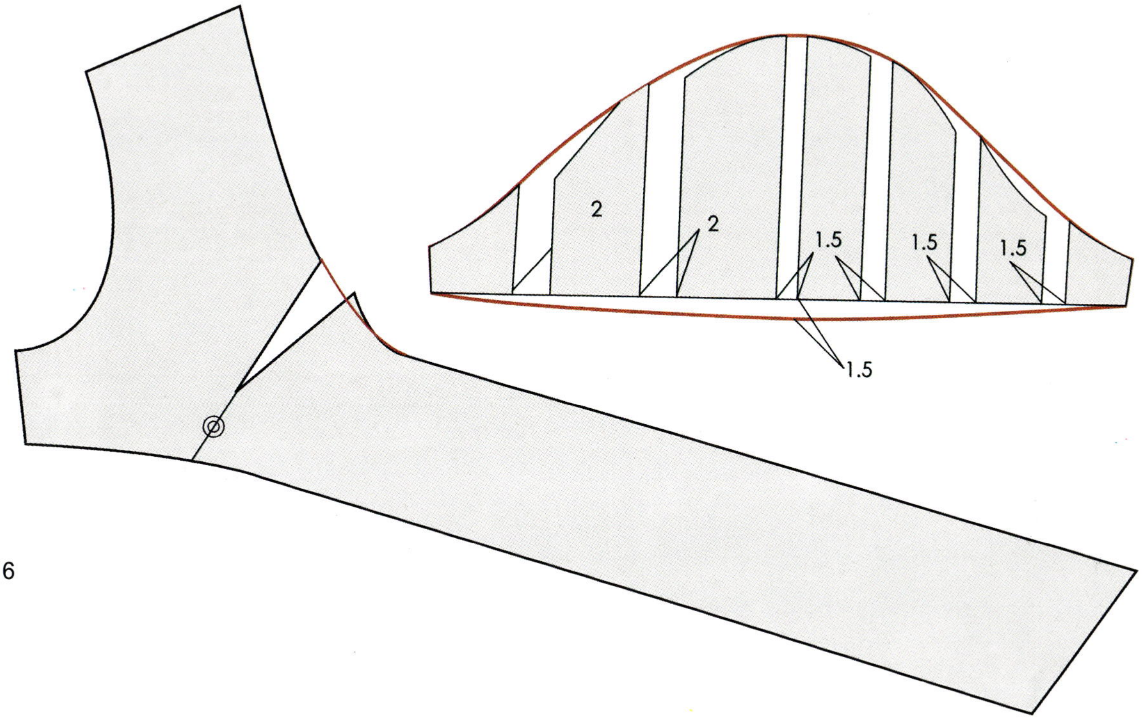

图3.16

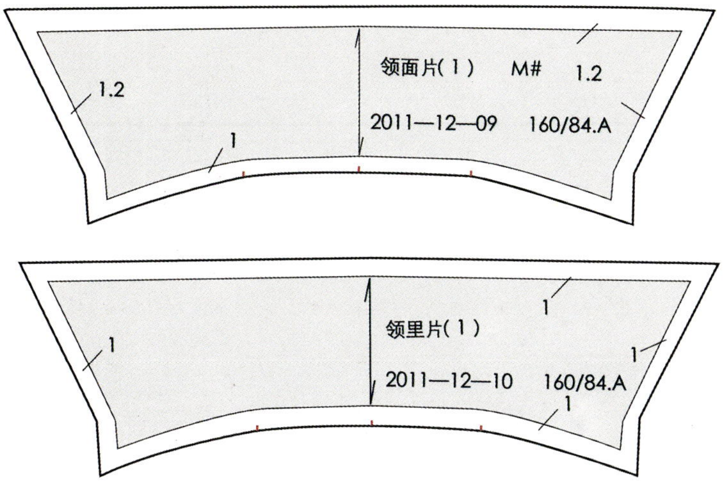

图3.17

样板裁片

前片1	2片
前片2	2片
前片3	2片
前片4	2片
后片1	2片
后片2	2片
袖片	2片
袖头片	2片
领面片	1片
领里片	1片

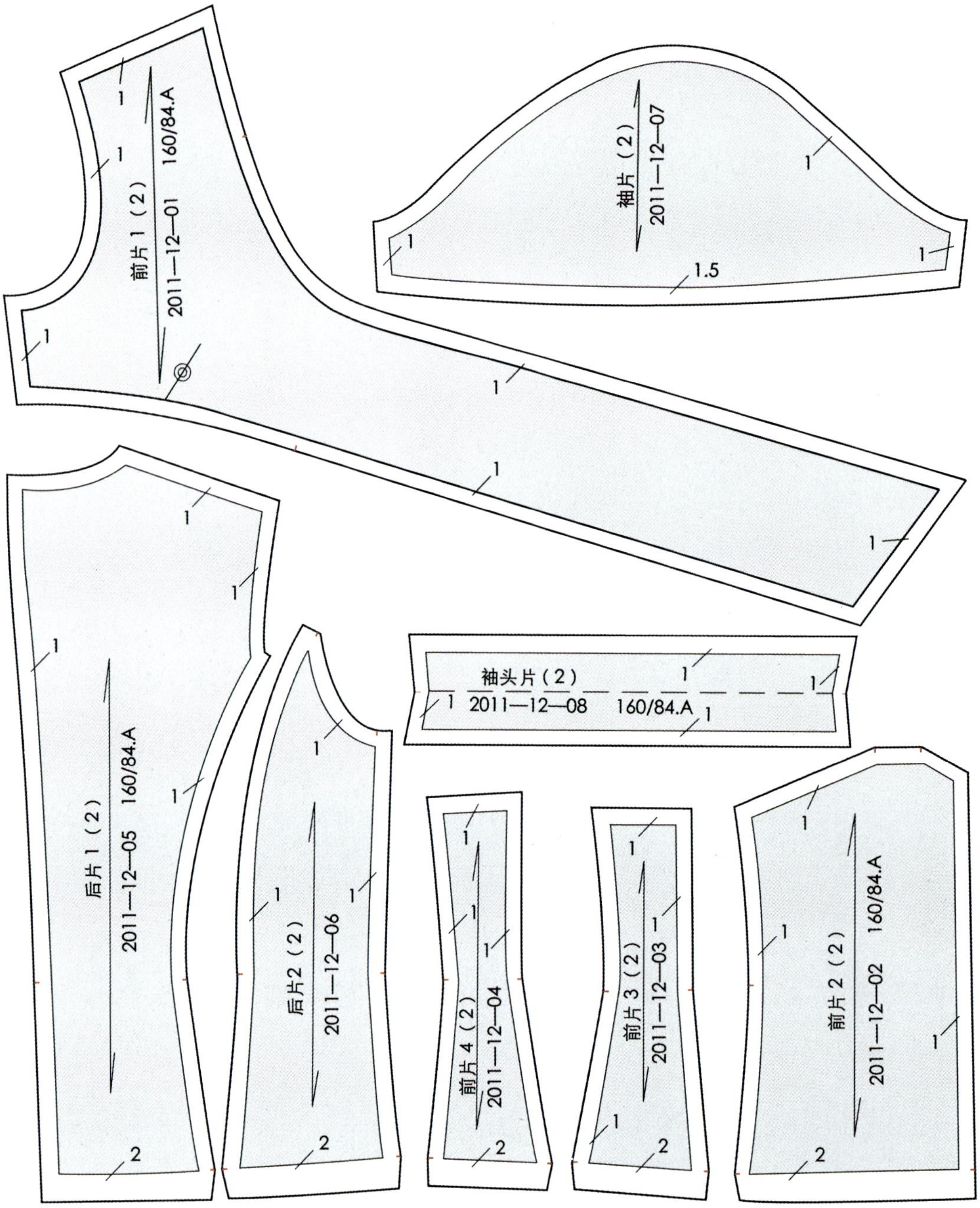

图3.18

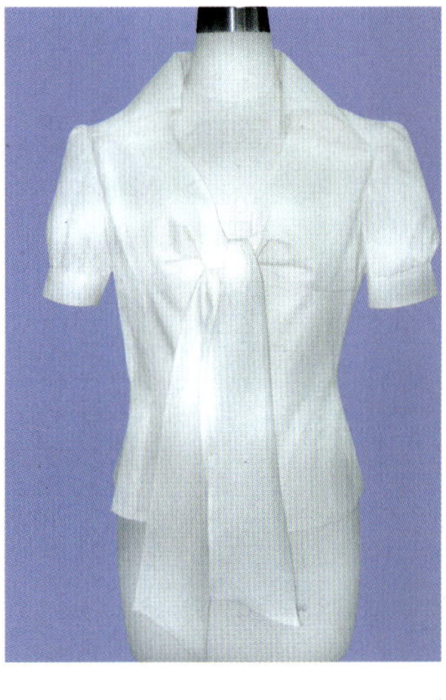

图3.19

五、训练提示

此款衬衫的结构比较复杂，前身片既有横断线又有竖线分割，要求注意线条的圆顺及省道合并打开得准确。

六、训练要求

1.设计规格尺寸绘制1：1的比例结构图。

2.缝制坯布样衣一件。

七、课后作业

1.查找合体衬衫造型4～5款。

2.选择2～3款衬衫造型，绘制1：4结构图。

图 3.20

第四节 插肩袖衬衫结构与制板

图 3.21

一、款式分析（图3.20效果图、图3.21款式图）

此款衬衫是插肩袖造型，由前身、后身、袖子和领子四部分组成。前后身腰部采用对褶收腰。有搭门、单排扣共5粒扣子。领子为男式立领。袖子为两片袖，袖口部位的袖头较宽。

二、结构图重点提示（图 3.22前身结构图、图3.23后身结构图）

1.插肩袖的绘制：首先将前后肩宽确定，

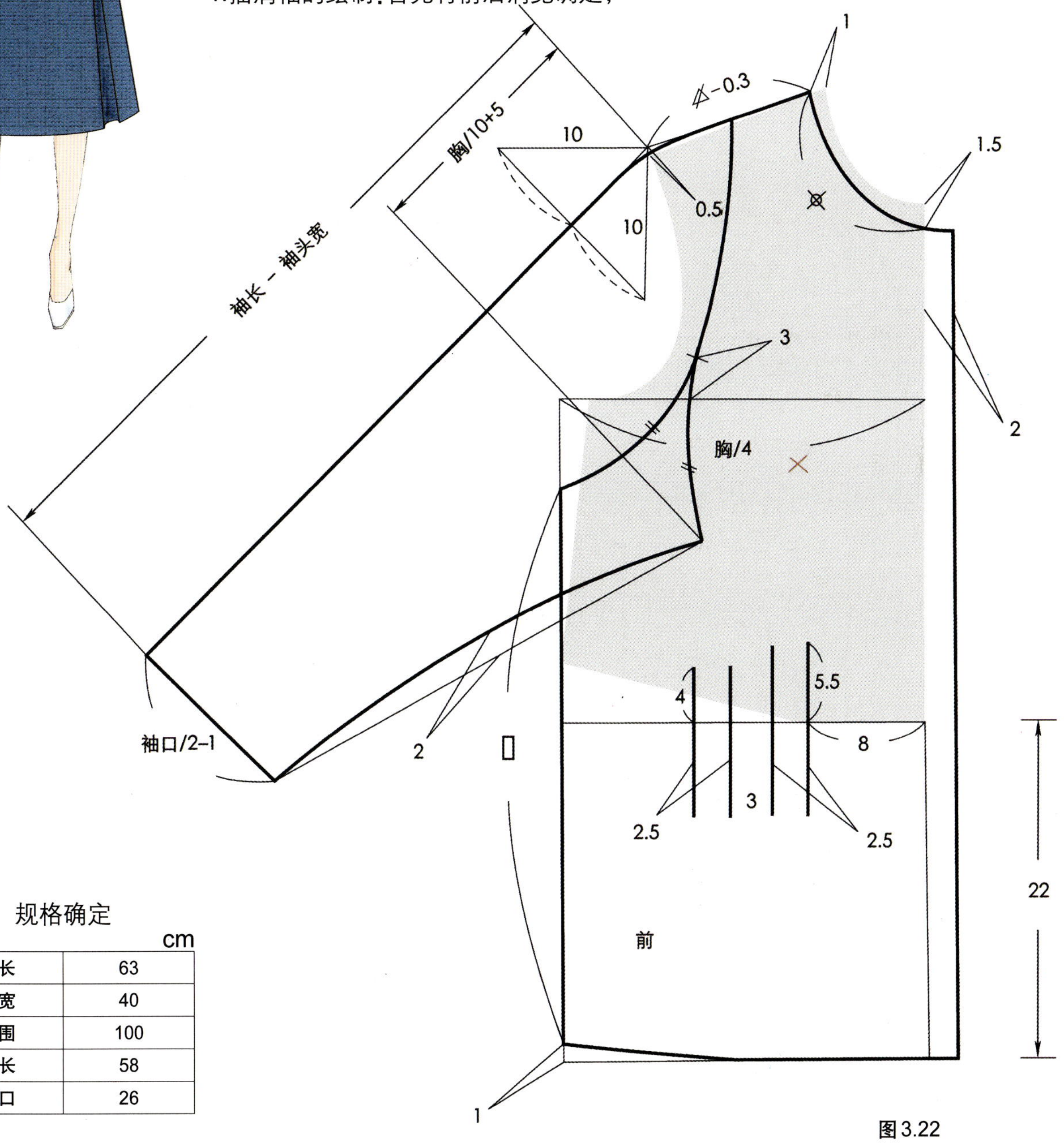

图 3.22

规格确定

cm

衣长	63
肩宽	40
胸围	100
袖长	58
袖口	26

分别在前后肩点的基础上向外画直角辅助线，长均为10cm，然后连线。前身角平分线为前袖直线，后袖在角平分线的基础上向上0.7cm为后袖长直线。

2. 插肩弧线：先在原型基础上计算出胸围尺寸，在后片胸围的基础上向下2.5cm，与小肩上的5.5cm相连接画出后片插肩的弧线，前片在后片的基础上绘制方法相同。

3.袖深线：按成品规格胸围的1/10加5cm计算，分别由前后肩点向下画。

4. 袖根肥：先分别测量前后袖窿插肩线的尺寸，然后向袖深线上绘制相同尺寸并将线条画圆顺。

三、放缝图（图3.24）和坯布样衣图（图3.25）

放缝图和坯布样衣如图所示。

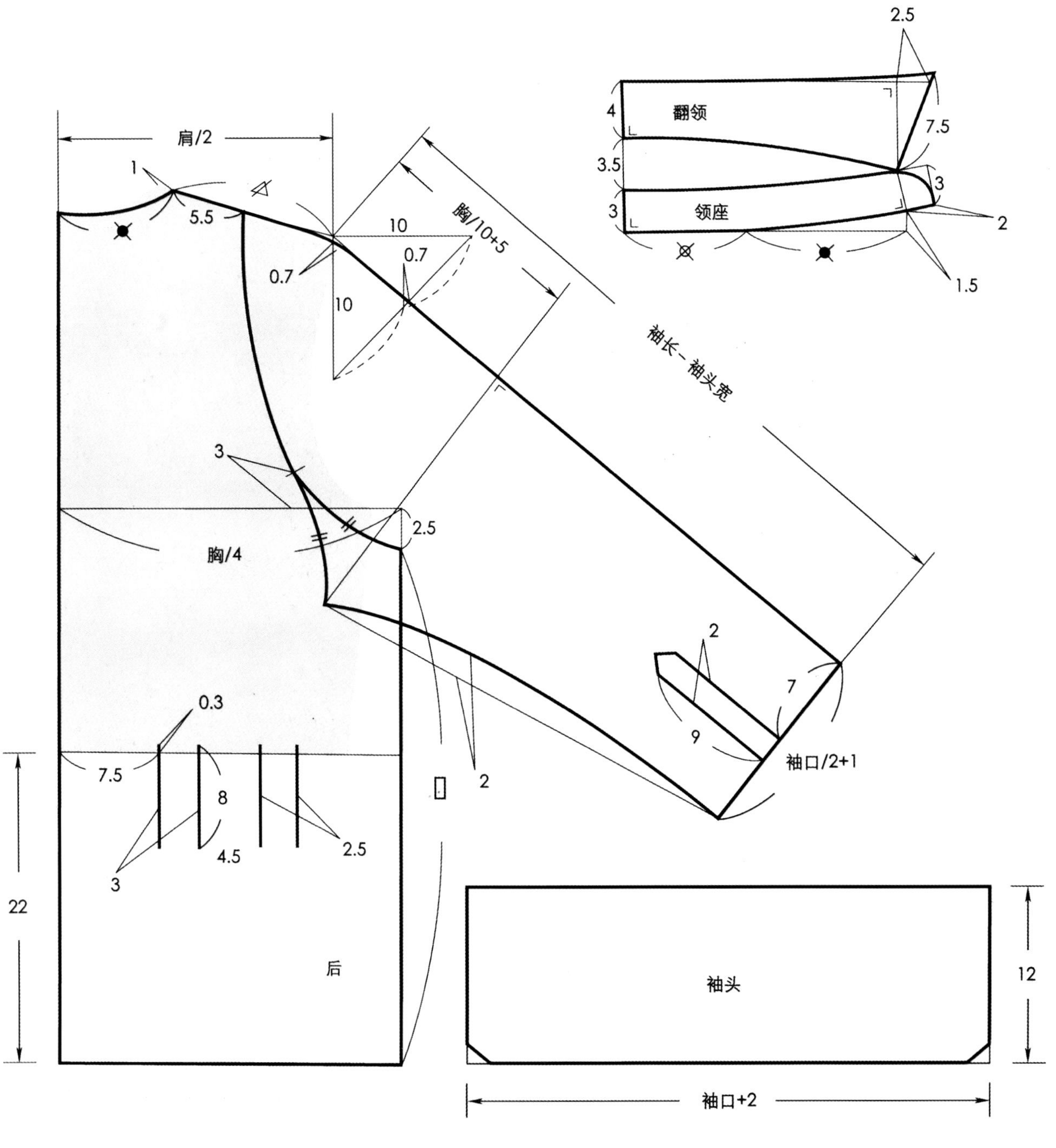

图3.23

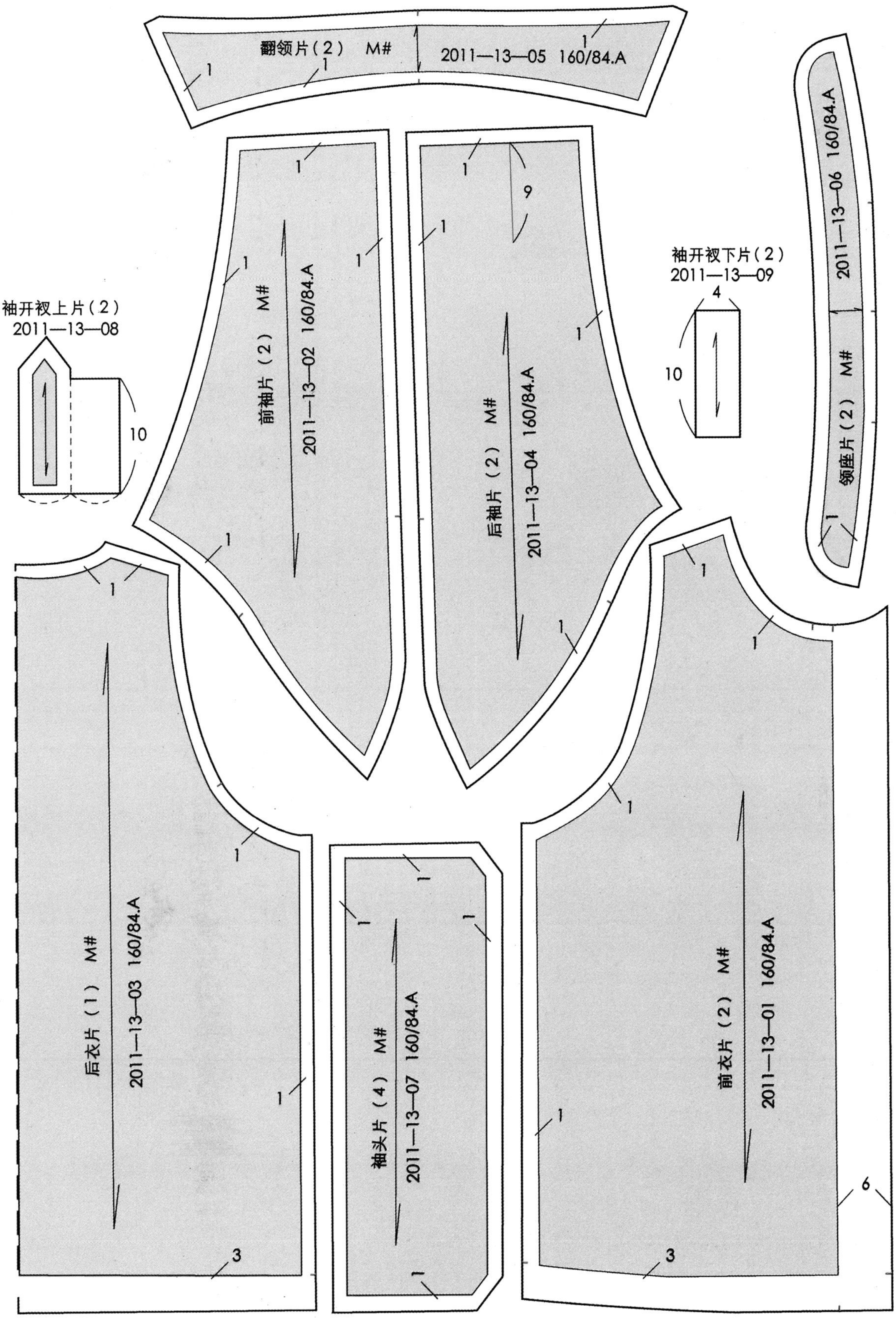
翻领片（2） M# 2011—13—05 160/84.A
领座片（2） M# 2011—13—06 160/84.A
袖开衩上片（2）
2011—13—08
袖开衩下片（2）
2011—13—09
前袖片（2） M# 2011—13—02 160/84.A
后袖片（2） M# 2011—13—04 160/84.A
后衣片（1） M# 2011—13—03 160/84.A
袖头片（4） M# 2011—13—07 160/84.A
前衣片（2） M# 2011—13—01 160/84.A

图3.24

样板裁片

前衣片	2片
后衣片	1片
袖头片	4片
前袖片	2片
后袖片	2片
翻领片	2片
袖开衩上片	2片
领座片	2片
袖开衩下片	2片

图3.25

四、训练提示

此款衬衫的插肩袖绘制是重点，袖窿弧线决定设计造型，要求注意线条的圆顺。

五、训练要求

1.设计规格尺寸，绘制1：1比例结构图。

2.缝制坯布样衣一件。

六、课后作业

1.查找插肩袖造型4～5款。

2.选择2～3款造型绘制1：4结构图。

第四章

上衣结构与制板

一、实训内容

第一节 立领上衣结构与制板
第二节 青果领上衣结构与制板
第三节 西装领上衣结构与制板
第四节 夹克式上衣结构与制板
第五节 三开身上衣结构与制板

二、实训目的

1.通过对上衣造型的结构绘制，使学生理解上衣的结构关系，准确地设计成品规格尺寸。

2.通过训练，使学生掌握上衣效果图、款式图的表达；并根据设计合理地绘制出结构图。

3.根据结构图准确地分解裁片，绘制出放缝样板，根据样板制作坯布立体造型。

三、实训时间

3周，共计48学时。

四、实训方法

1.通过教师示范，学生根据教师的要求进行结构绘制、制板放缝的全套训练。

训练时间：24学时。

2. 选择1～2款上衣造型进行技能的拓展训练。

训练时间：24学时。

第一节 立领上衣结构与制板

学习目标：通过训练，使学生了解上衣效果图和平面款式图的设计表达，掌握规格的确定，理解上衣的结构组成关系。

训练重点：款式规格的确定及结构图的绘制。

训练难题：样板制作和坯布样衣的完成。

一、款式分析（图4.01效果图、图4.02款式图）

此款上衣为合体造型，由前身、后身、袖子和领子四部分组成。前身有斜线与竖线分割线，后身有横、竖线分割线，收腰，领子为立领，袖子为一片圆装袖稍呈喇叭口造型。

图4.02

规格确定

cm

衣长	56
肩宽	39
胸围	96
袖长	62

图4.01

二、结构图重点提示

(一)身结构图(图4.03)

1.先绘制一条水平线，将前片原型的腰线与之重合摆正后画好。

2.在水平线的基础上向上1cm画线，将后片原型的腰线与之重合摆正后画好。

3.根据衣长分别由前腰线、后腰线向下画出衣摆线。

4.在前片中线基础上向右加出底襟宽3cm，长至腰节向下8.5cm。

5.前后领宽分别在原型基础上放宽1cm，前领深在原型基础上向下2cm。

6.在原型肩点基础上后身向上1cm、前身向上0.5cm，分别与前后领宽点连出小肩斜线。先根据成品规格肩宽的1/2确定后片肩宽，然后依据后小肩剪掉0.5cm绘制前小肩宽。

7.前后袖窿深根据原型尺寸分别向下1cm，胸围按成品规格的1/4计算。

8.基础省道为前后差的宽度，最后将基础省道合并转移到竖分割线内。

9.后背缝在直线基础上收进1.5cm，将破背缝线画圆顺。

10.腰部侧缝收腰及竖线分割内省道大小可随实际成品规格调整尺寸。

11.下摆侧缝稍呈圆摆状。

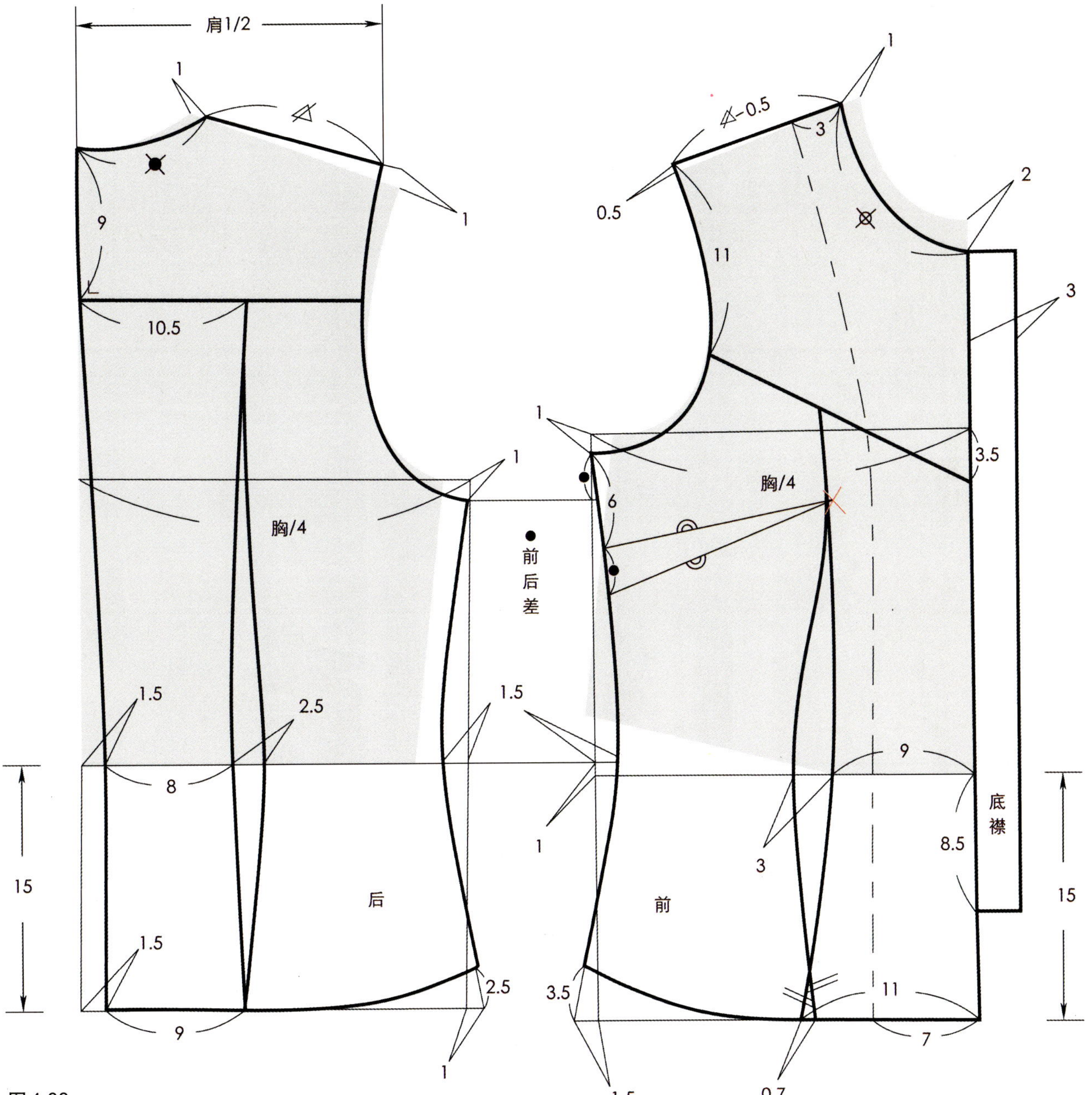

图4.03

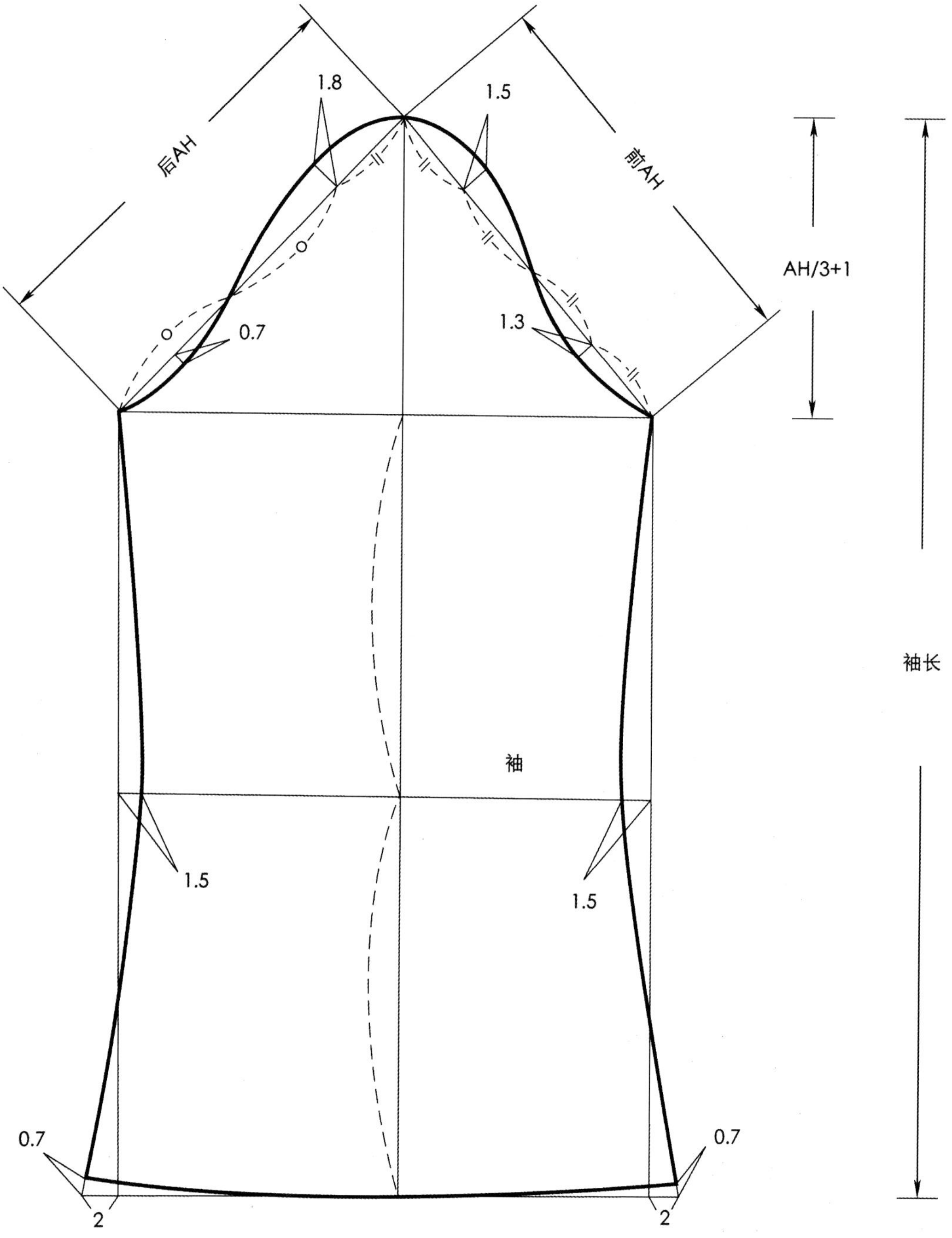

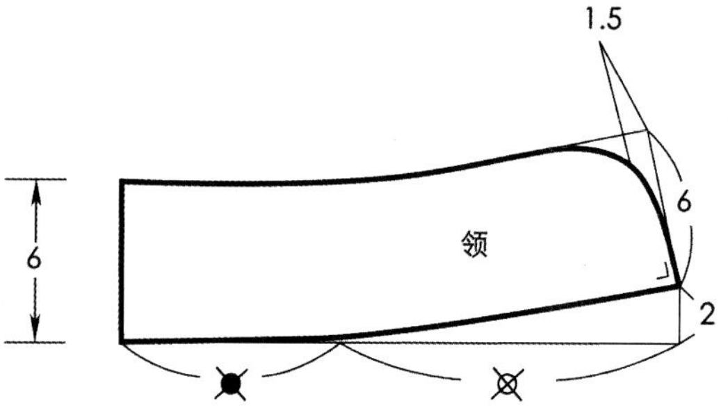

图4.04

（二）袖、领结构图（图4.04）

1.袖长为成品规格，袖深线是前后衣身袖窿弧线长度（AH）的1/3加1cm。

2.袖肥：测量前衣片袖窿弧线为前AH，测量后衣片袖窿弧线为后AH，根据其长度由袖山高分左右向袖深线上画。

3.袖山弧线可根据造型调整图示上的数据。

4.领子绘制：测量前领口和后领口尺寸，绘制1/2领子，领子宽为6cm，领子前口翘度为2cm。

三、放缝图重点提示（图4.05身放缝图、图4.06袖放缝图）

前侧片在基础省道合并后再加放缝边。

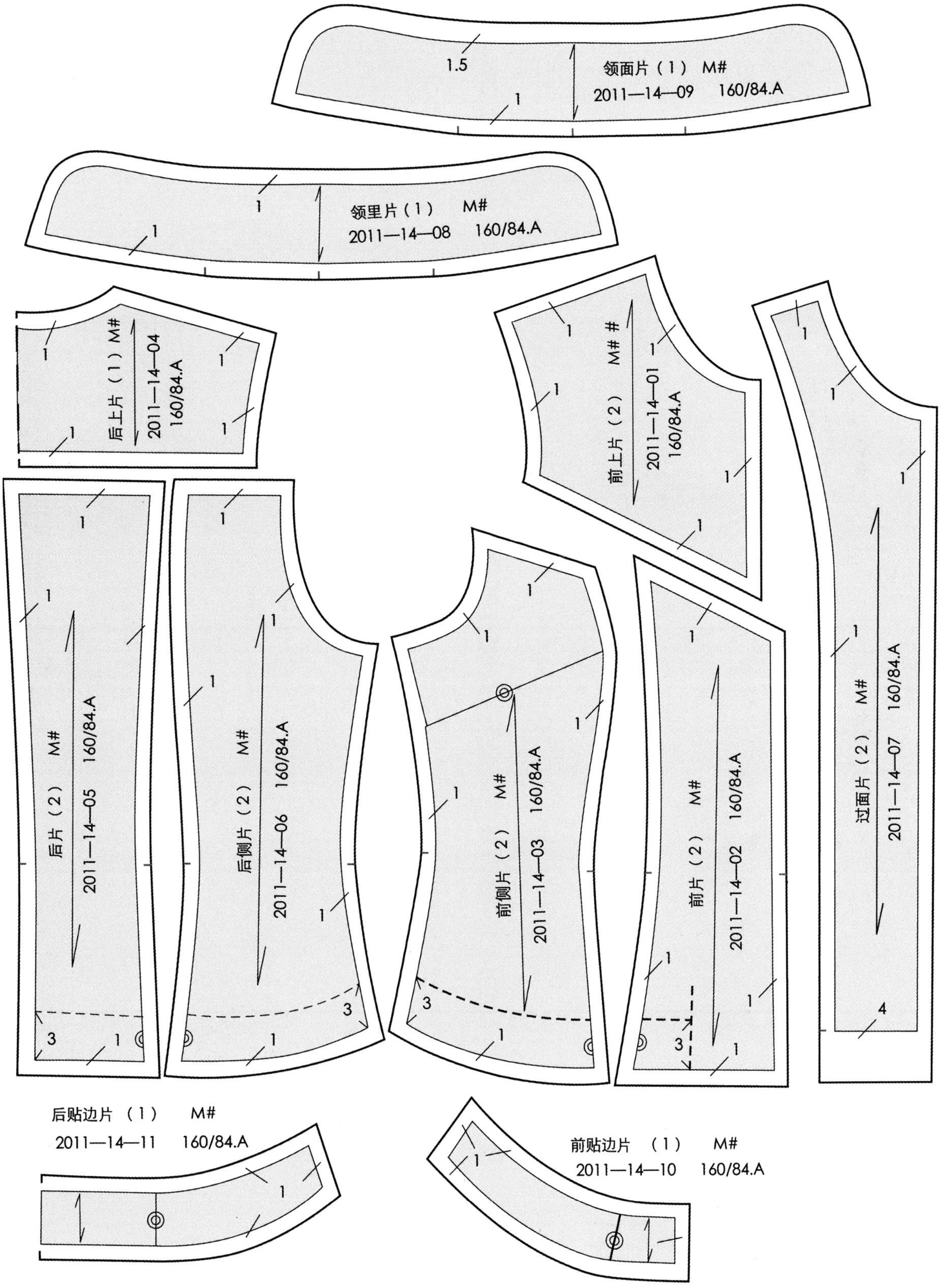

图4.05

样板裁片

前片	2片	后片	2片
袖片	2片	前上片	2片
后上片	1片	过面片	2片
前侧片	2片	后侧片	2片
领面、领里片	各1片	底襟片(整)	1片
前贴边片	2片	后贴边片	1片

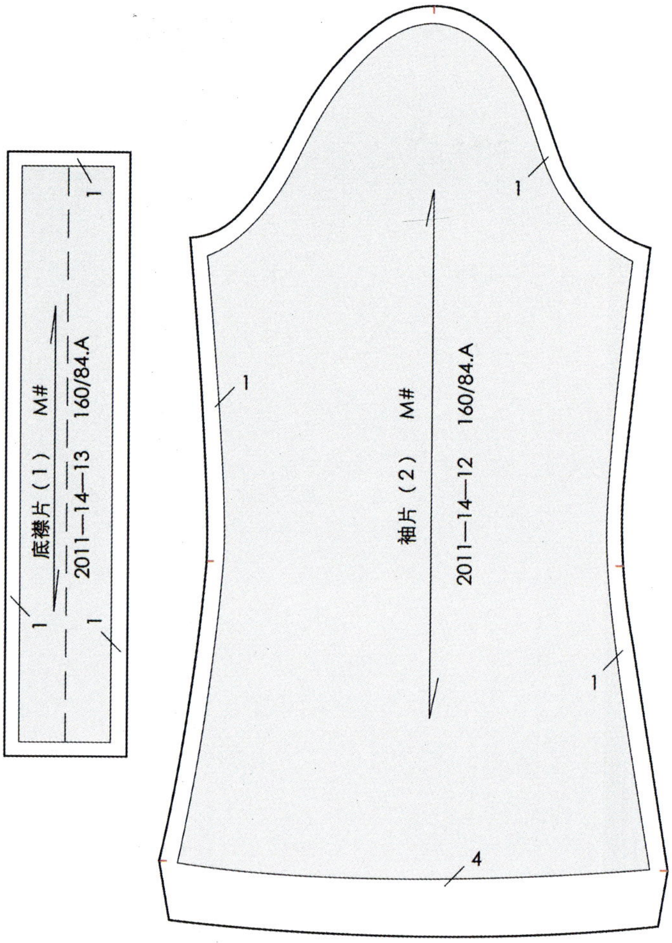

图4.06

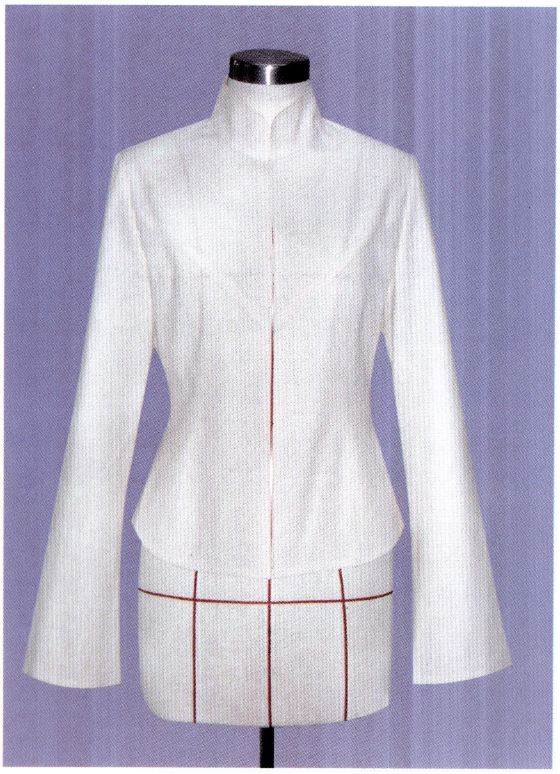

图4.07

四、坯布样衣图(图4.07)

坯布样衣如图所示。

五、训练要求

1.选择两个不同的体型进行采寸并设计成品规格。

2.根据训练1的规格尺寸绘制1：1比例结构图。

3.缝制坯布样衣一件。

六、课后作业

1.查找上衣类设计造型4～5款。

2.绘制1：4结构图。

第二节 青果领上衣结构与制板

一、款式分析(图4.08效果图、图4.09款式图)

此款上衣为短款造型,由前身、后身、袖子和领子四部分组成。前身有弧线分割装饰线;腋下有明省道;后身有横分割装饰线;领子为开门领;袖子为两片圆装袖稍呈喇叭口造型。

规格确定

cm

衣长	40
肩宽	39
胸围	94
袖长	65

图4.08

图4.09

二、结构图重点提示（图4.10身结构图、图4.11袖结构图）

1.先绘制一条水平线，将前片原型的腰线与之重合摆正后画好。

2. 测量水平线至原型侧缝底点，取1/2并向左画后身腰线，将后片原型的腰线与之重合摆正后画好。

3.前后领宽分别在原型基础上放宽1.5cm，前领深在原型基础上不变。

4.驳口线：在原型胸围线基础上向下4.5cm，将此点与领宽点向前2cm的点连接。

5.领子在前片基础上配置，领子中线为后身领口的实际尺寸。

6.袖子在一片袖的基础上前后互借。先将前袖肥剪掉3cm，将其加在后袖肥上，然后再绘制大小袖。

三、放缝图（图4.12身放缝图、图4.13袖放缝图）和坯布样衣图（图4.14）

放缝图和坯布样衣如图所示。

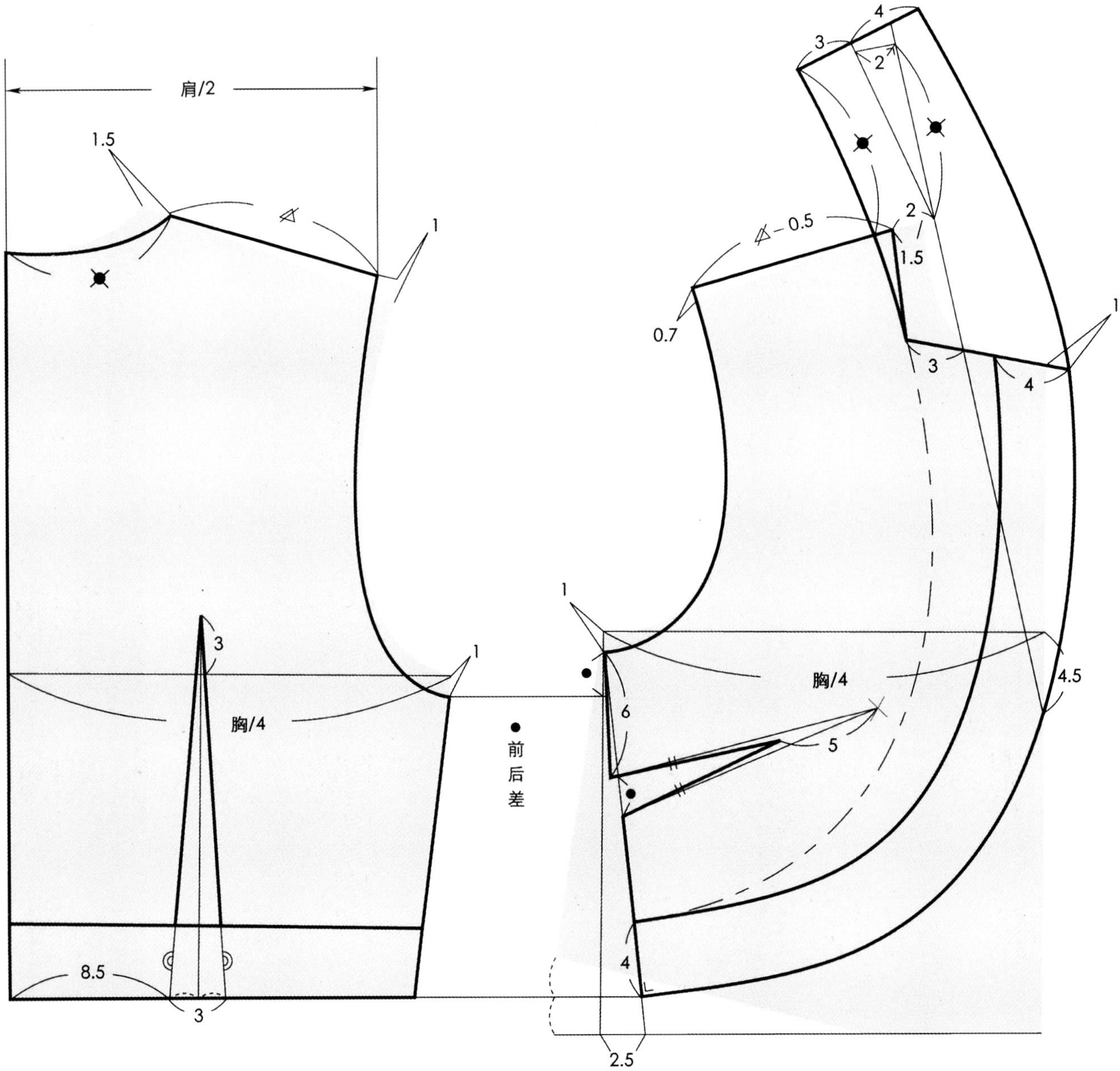

图4.10

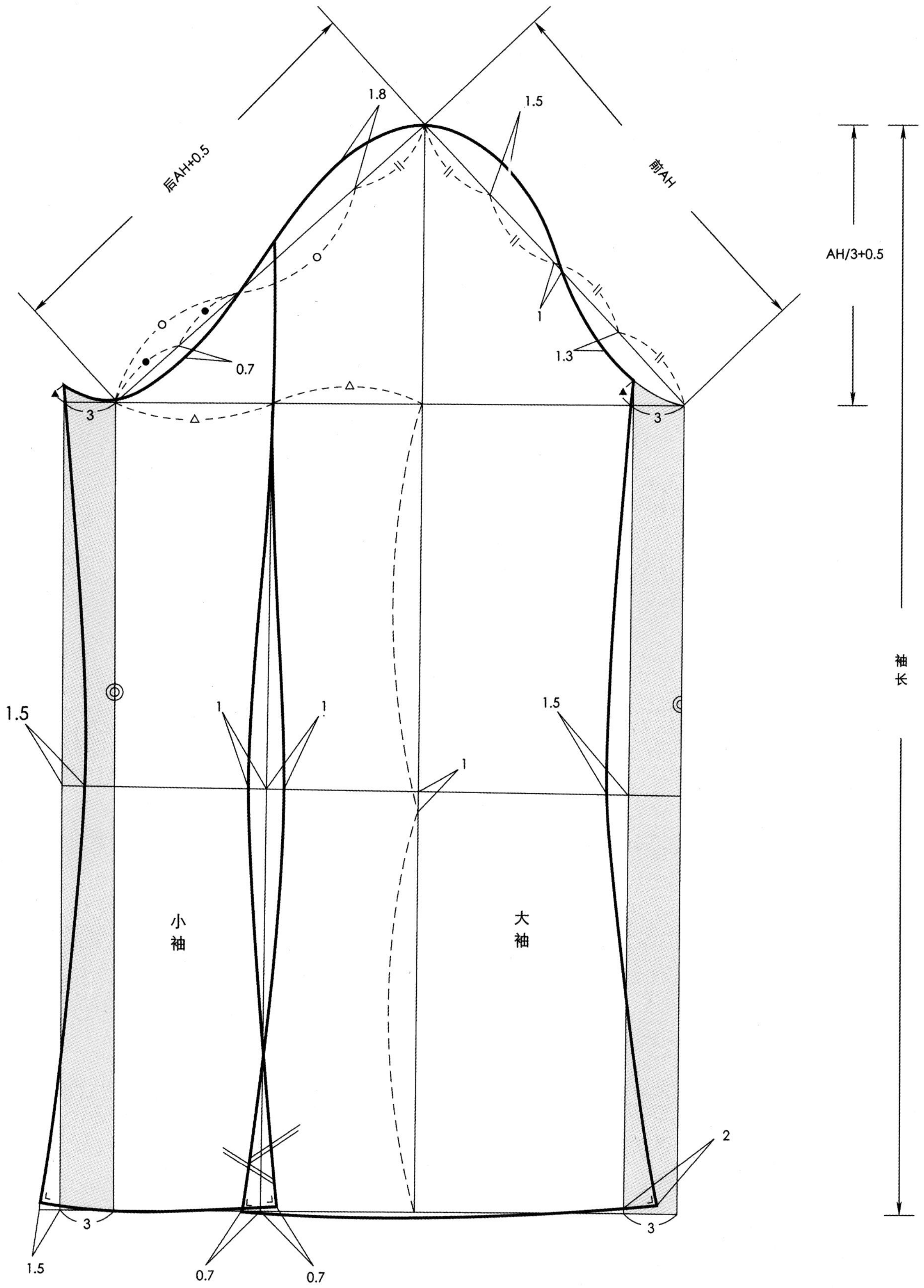

图4.11

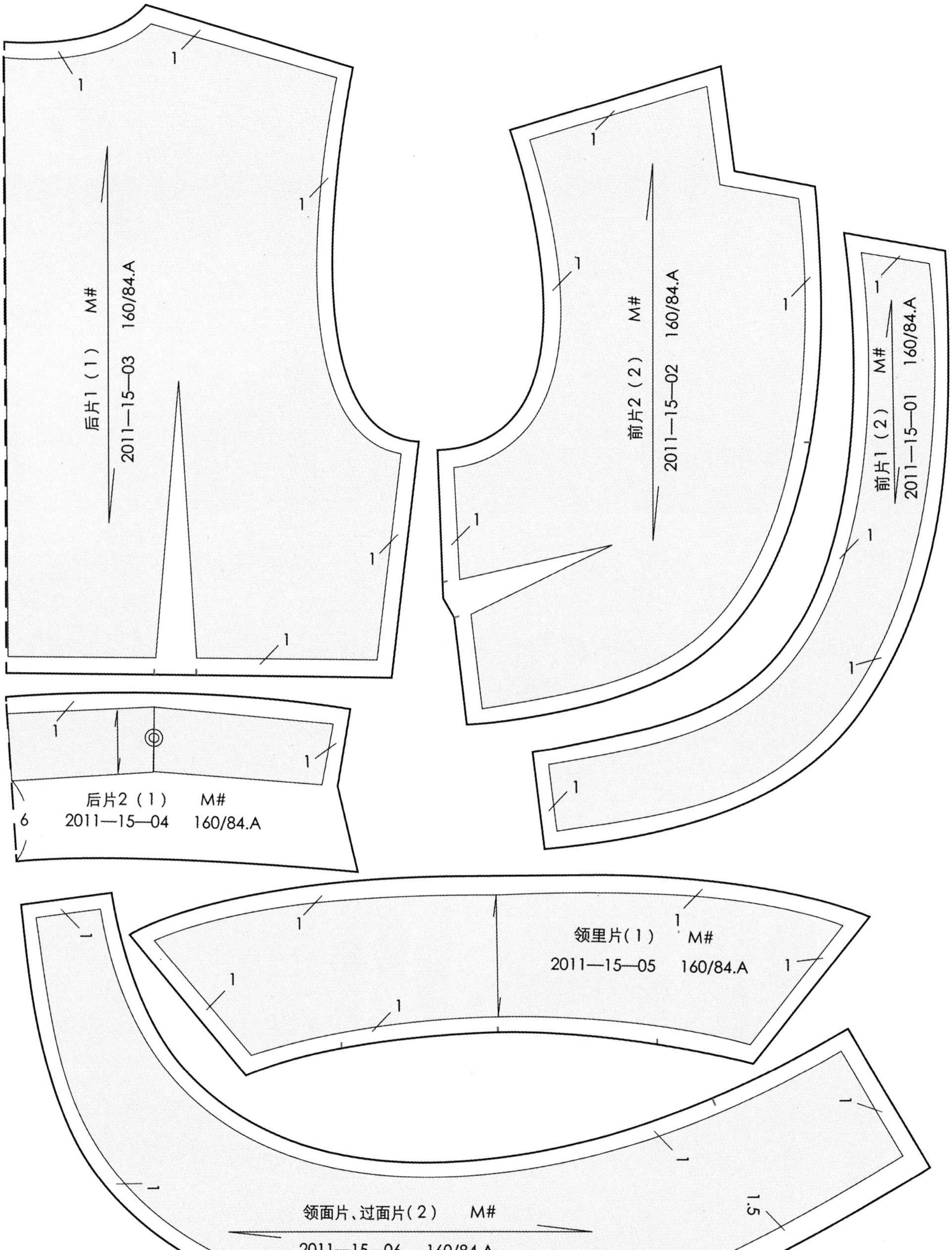
后片1（1） M#
2011—15—03 160/84.A
前片2（2） M#
2011—15—02 160/84.A
前片1（2） M#
2011—15—01 160/84.A
后片2（1） M#
2011—15—04 160/84.A
领里片(1) M#
2011—15—05 160/84.A
领面片、过面片(2) M#
2011—15—06 160/84.A

图4.12

样板裁片

前片1	2片
前片2	2片
后片1	1片(整)
后片2	1片(整)
大袖片	2片
领面、过面片	2片
小袖片	2片
领里片(整)	1片

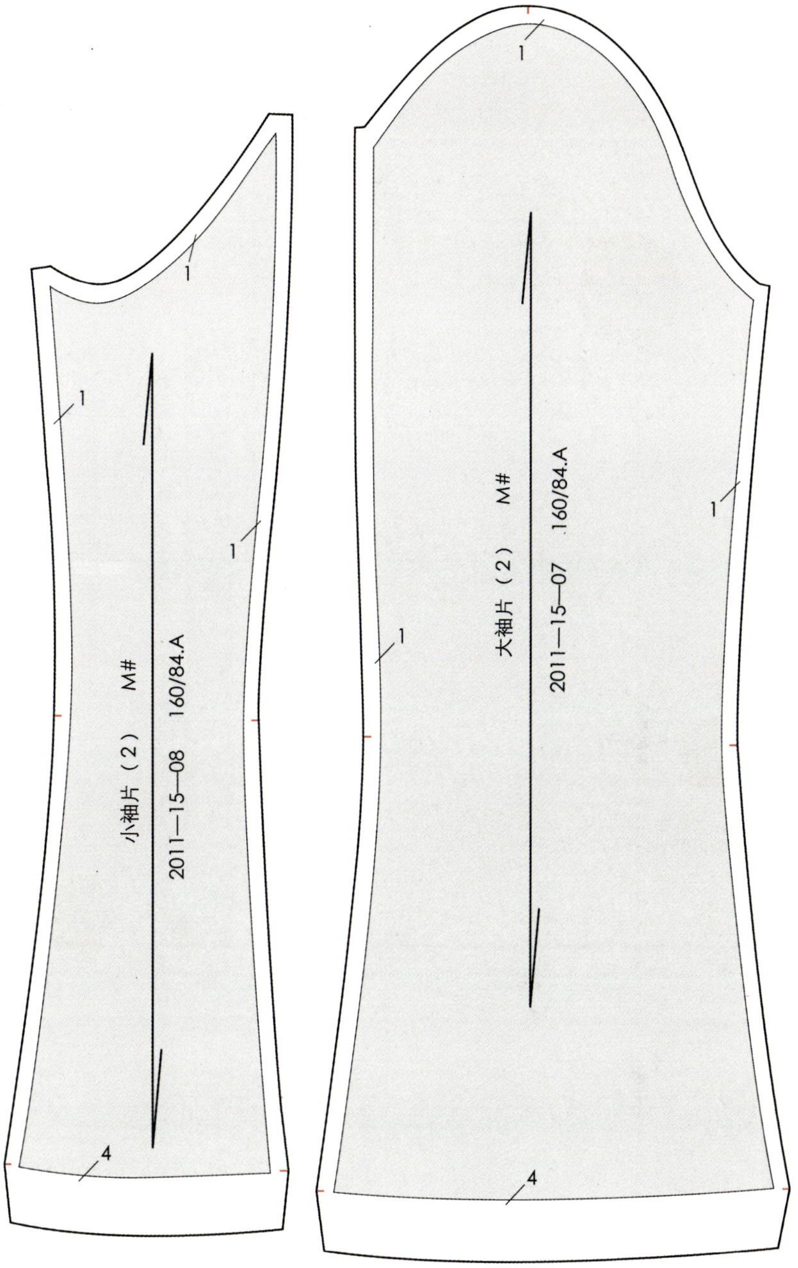

图4.13

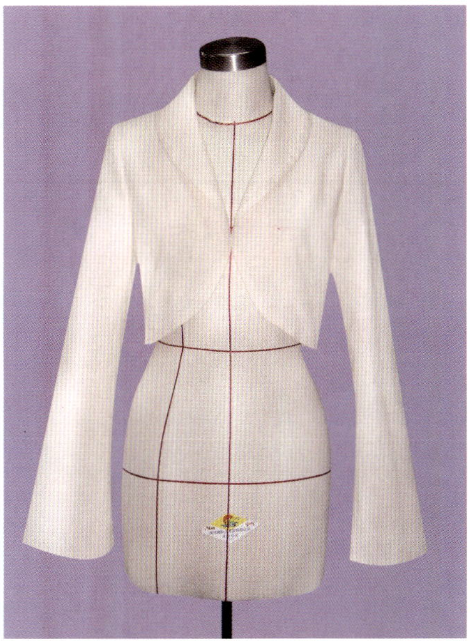

图4.14

四、训练要求

1.选择两个不同的体型进行采寸并设计成品规格。

2.根据训练1的规格尺寸绘制1：1比例结构图。

3.缝制坯布样衣一件。

第三节 西装领上衣结构与制板

一、款式分析（图4.15效果图、图4.16款式图）

此款上衣属西装领造型，由前身、后身、袖子和领子四部分组成。前后身均采用刀背线收腰；前片无搭门；袖子的袖口部位有开衩。

规格确定

cm

衣长	58
肩宽	40
胸围	96
袖长	60
袖口	14

图4.15

图4.16

二、结构图重点提示（图4.17身结构图、图4.18袖结构图）

1.前后衣身均在胸围直线的基础上放大衣摆尺寸，在刀背线上注意互借量。

2.袖子是在一片袖的基础上绘制而成。前袖缝的大小袖片互借3cm；后袖在袖深线上互借2cm；在袖肘线上互借1cm，均要求线条画圆顺。

3.后袖缝的下口处加入8cm的开衩量。

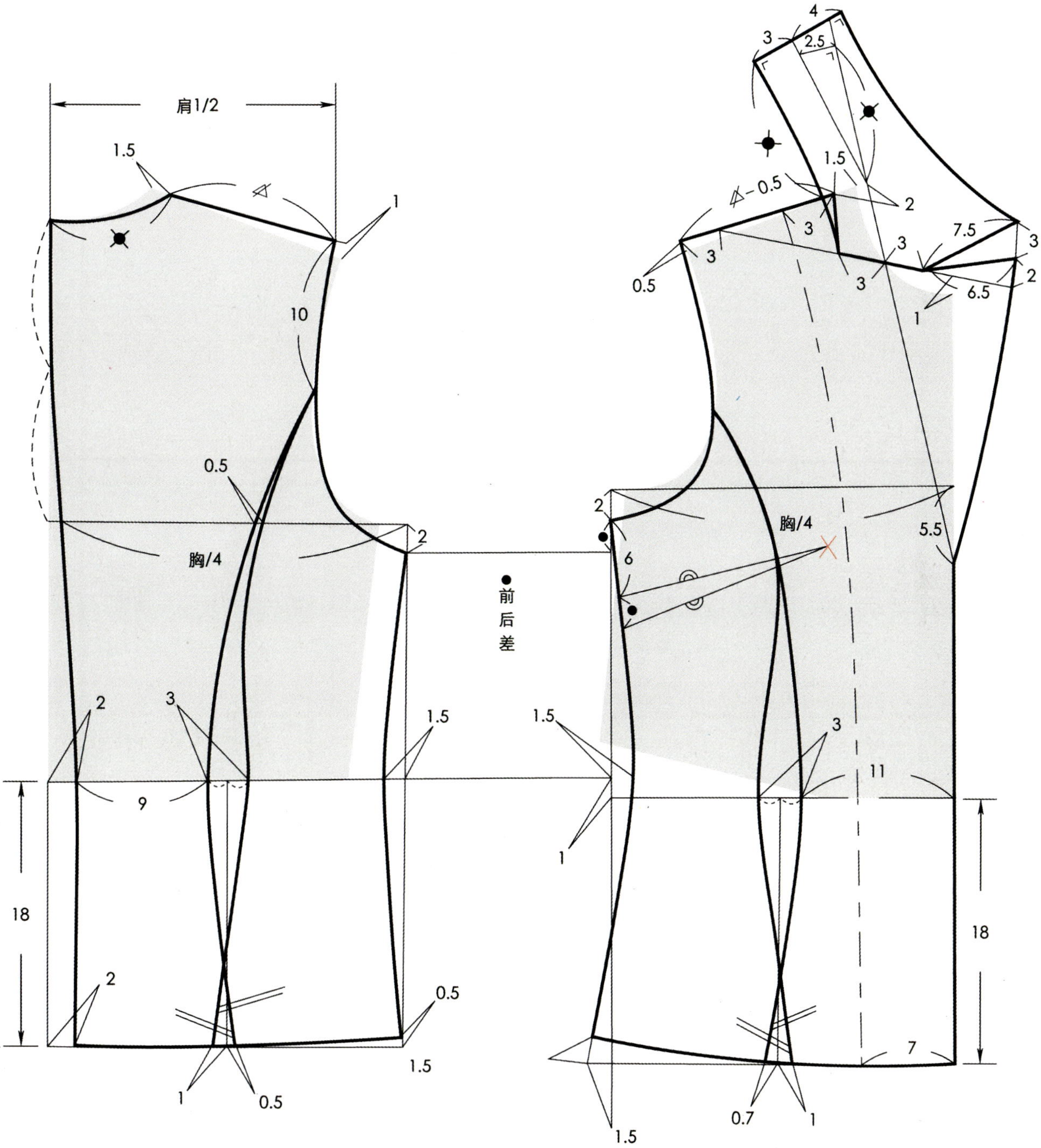

图4.17

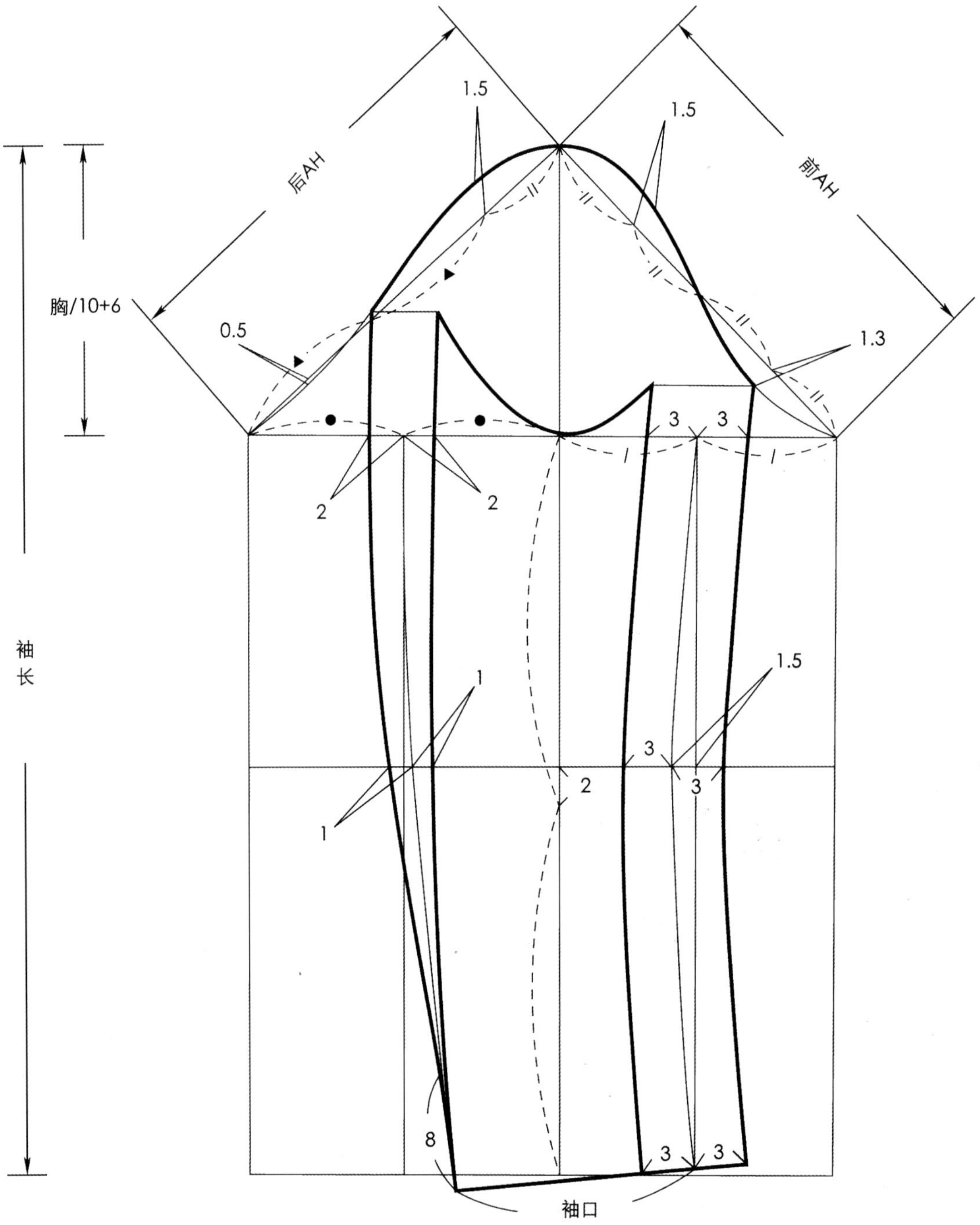

图4.18

三、放缝图重点提示

（一）身放缝图（图4.19）

前片侧缝片的省道处理方法：将剪开的侧片中的基础省道合并，再加入放缝量。

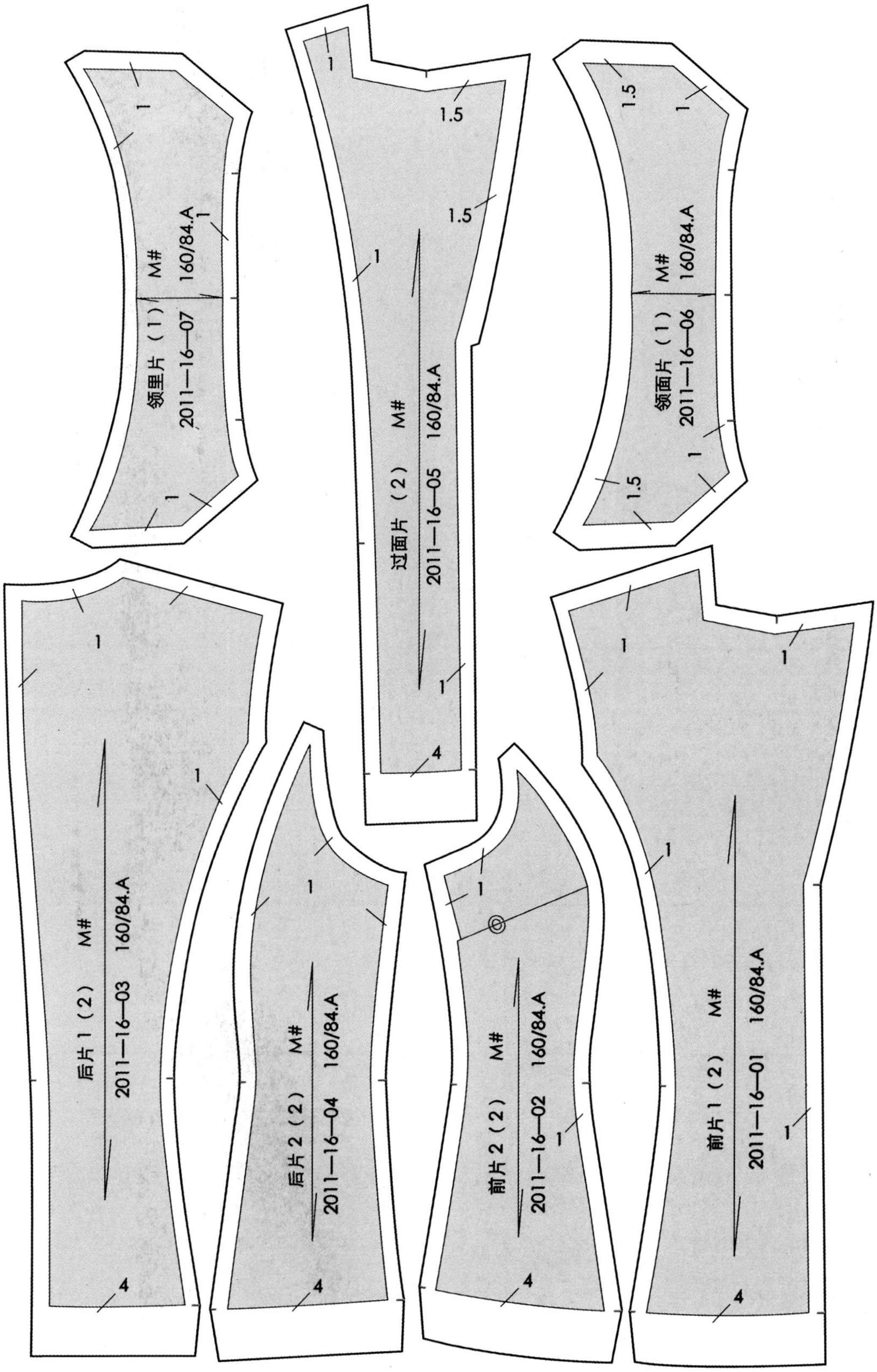

图4.19

（二）袖放缝图（图4.20）

大小袖拆解后加入袖口开衩量，在其基础上放缝边。

四、坯布样衣图（图4.21）

坯布样衣如图所示。

样板裁片

前片1	2片
前片2	2片
后片1	2片
后片2	2片
大袖片	2片
小袖片	2片
领面片	1片
领里片	1片
过面片	2片

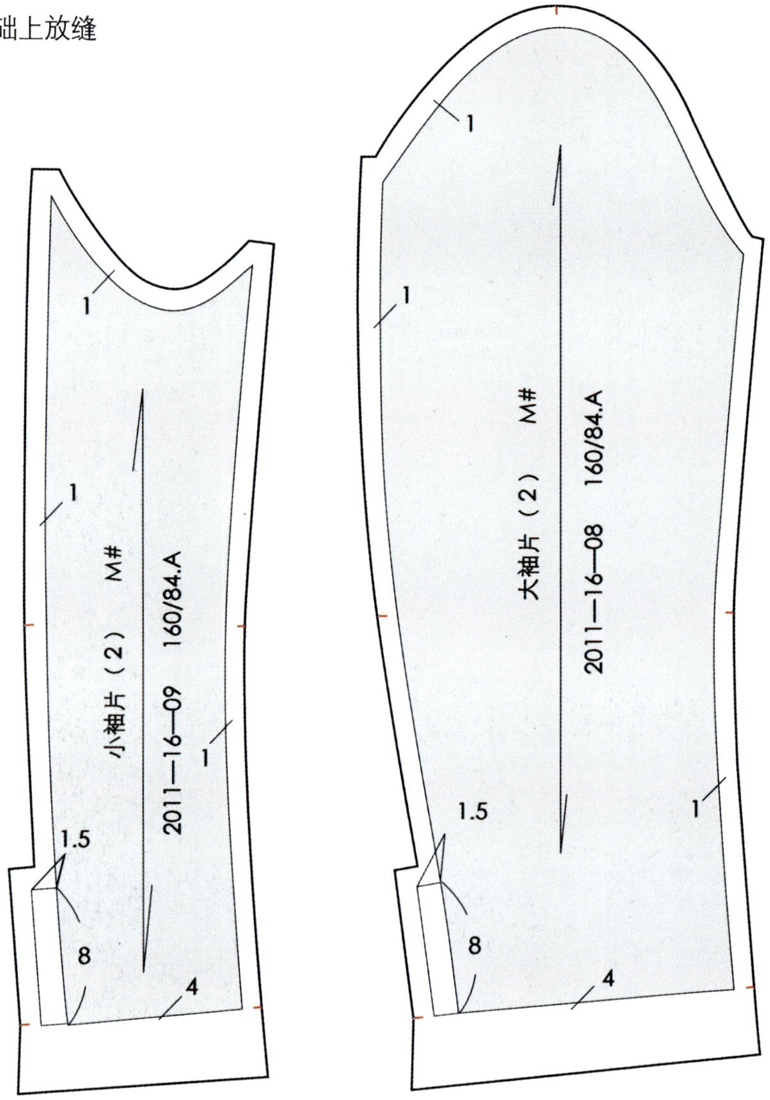

图4.20

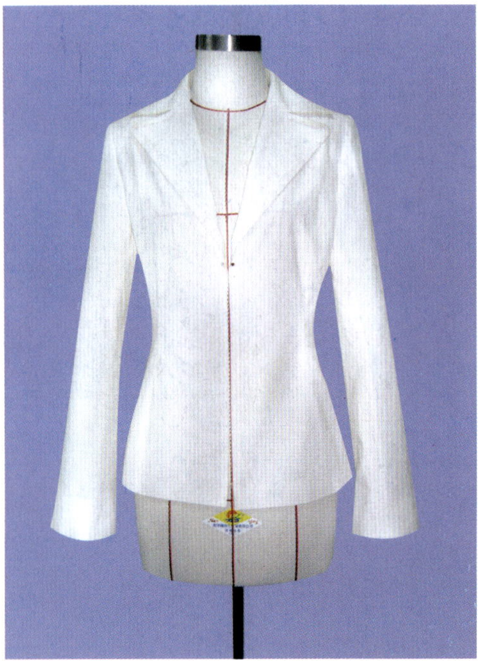

图4.21

五、训练要求

1.选择两个不同的体型进行采寸并设计成品规格。

2.根据训练1的规格尺寸绘制1：1比例结构图。

3.缝制坯布样衣一件。

第四节　夹克式上衣结构与制板

一、款式分析（图4.22效果图、图4.23款式图）

此款上衣属夹克式造型，由前身、后身、袖子、领子和腰带五部分组成。前后身均采用竖线收腰；腰部有腰带；前身驳领较宽，双排扣，宽搭门；袖子为两片圆装袖造型。

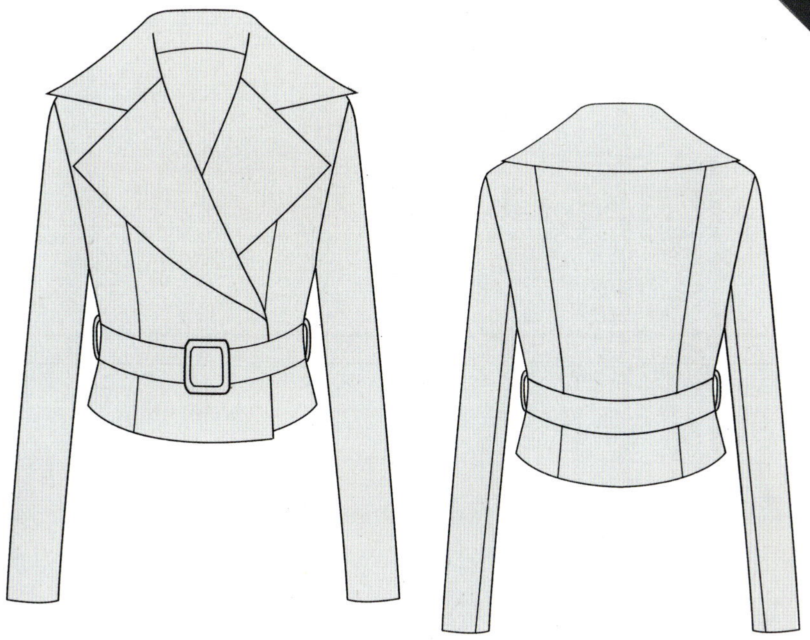

图4.23

图4.22

规格确定

cm

衣长	52
肩宽	40
胸围	98
袖长	60
袖口	14

二、结构图重点提示（图4.24 身结构图、图4.25 袖结构图）

1.先绘制一条水平线，将前片原型的腰线与之重合摆正后画好。在水平线的基础上向上1cm画线，将后片原型的腰线与之重合摆正后画好。

2.根据衣长分别由前腰线、后腰线向下画出衣摆线。

3.前后领宽分别在原型基础上放宽1.5cm。

4.在原型肩点基础上后身向上1cm、前身向上0.5cm，先确定后片肩宽，然后依据后小肩剪掉0.5cm绘制前小肩宽。前后袖窿深根据原型尺寸分别向下1.5cm，胸围按成品规格的1/4计算。

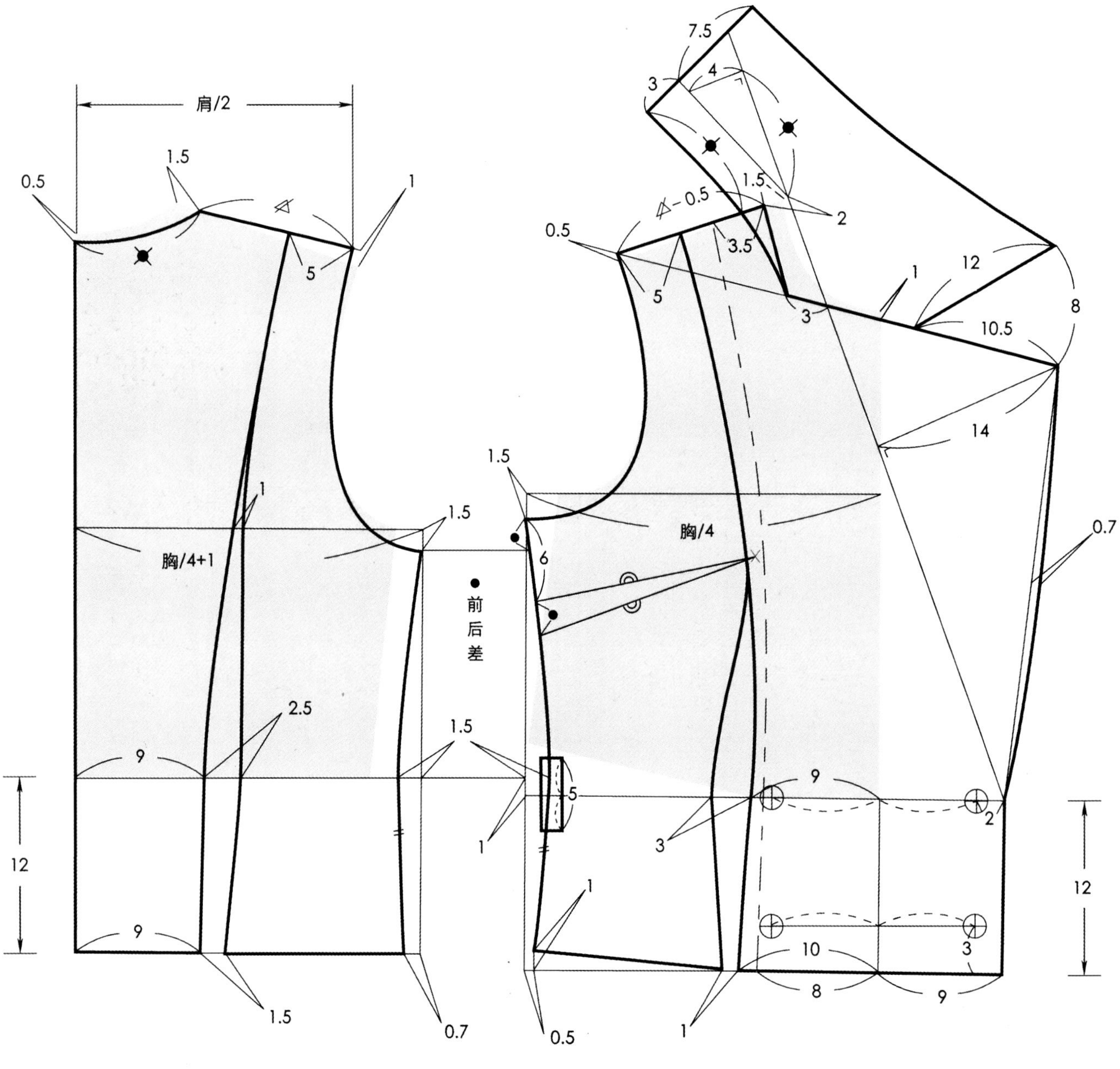

图4.24

5.基础省道为前后差的宽度，最后将基础省道转移到竖线内。

6.双排扣的搭门为9cm，也可根据设计调整数据。

7.袖子是在一片袖的基础上绘制而成的。前袖缝的大小袖片互借3cm；后袖在袖深线上互借2cm；在袖肘线上互借1cm，均要求线条画圆顺。

8.此图未画出腰带，腰带宽4.5cm，长度可根据实际要求确定。

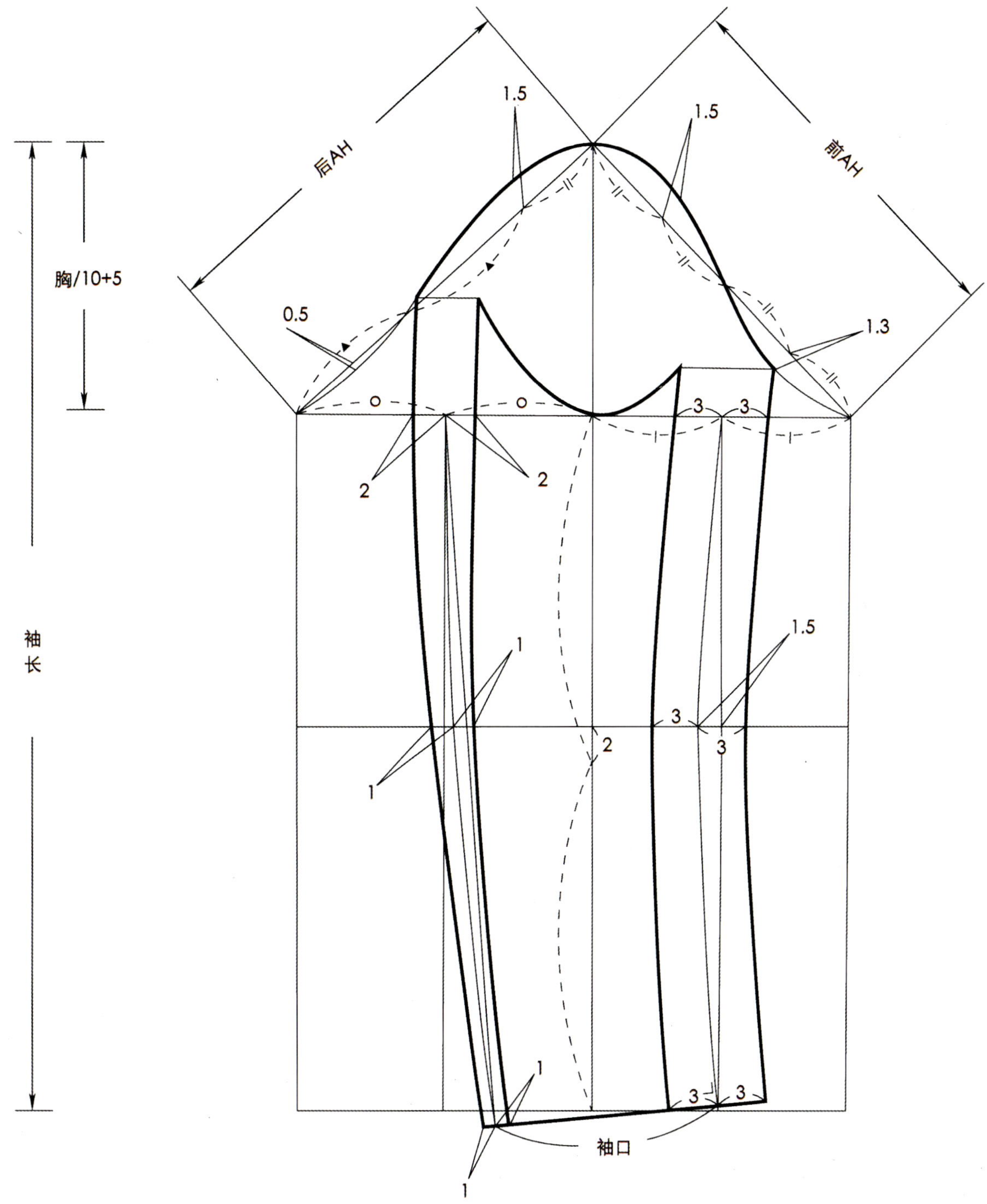

图4.25

三、坯布样衣图（图4.26）

坯布样衣如图所示。

四、训练要求

1.设计规格尺寸，绘制1：1比例结构图。

2.拆解结构图并绘制放缝图样板。

3.缝制坯布样衣一件。

注：此款实训未加入放缝图。

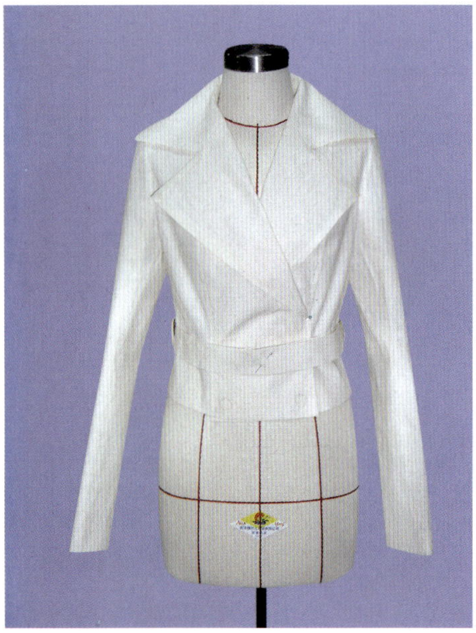

图4.26

图4.27

第五节 三开身上衣结构与制板

一、款式分析（图4.27效果图、图4.28款式图）

此款上衣为合体造型，由前身、后身、袖子和领子四部分组成。前身门襟有褶皱，领子与门襟相连呈翻领状；前后身均有刀背线；袖子为圆装袖呈喇叭口造型。

图4.28

二、结构图重点提示（图4.29身结构图、图4.30袖结构图）

1.先绘制一条水平线，将前片原型的腰线与之重合摆正后画好。在水平线的基础上向上1cm画线，将后片原型的腰线与之重合摆正后画好。

2.根据衣长分别由前腰线、后腰线向下画出衣摆线。

3.前后领宽分别在原型基础上放宽1.5cm。

4.在原型肩点基础上后身向上1cm、前身向上0.5cm，分别与前后领宽点连线。先确定后片肩宽，然后依据后小肩剪掉0.5cm绘制前小肩宽。前后袖窿深根据原型尺寸分别向下1cm，胸围按成品规格的1/4计算。

5.基础省道为前后差的宽度，最后将基础省道转移到竖分割线内。

6.前身搭门在原型胸围线的基础上向上4cm再向右6cm，衣摆线上为1.5cm，然后连接搭门线。

规格确定

cm

衣长	56
肩宽	39
胸围	96
袖长	62

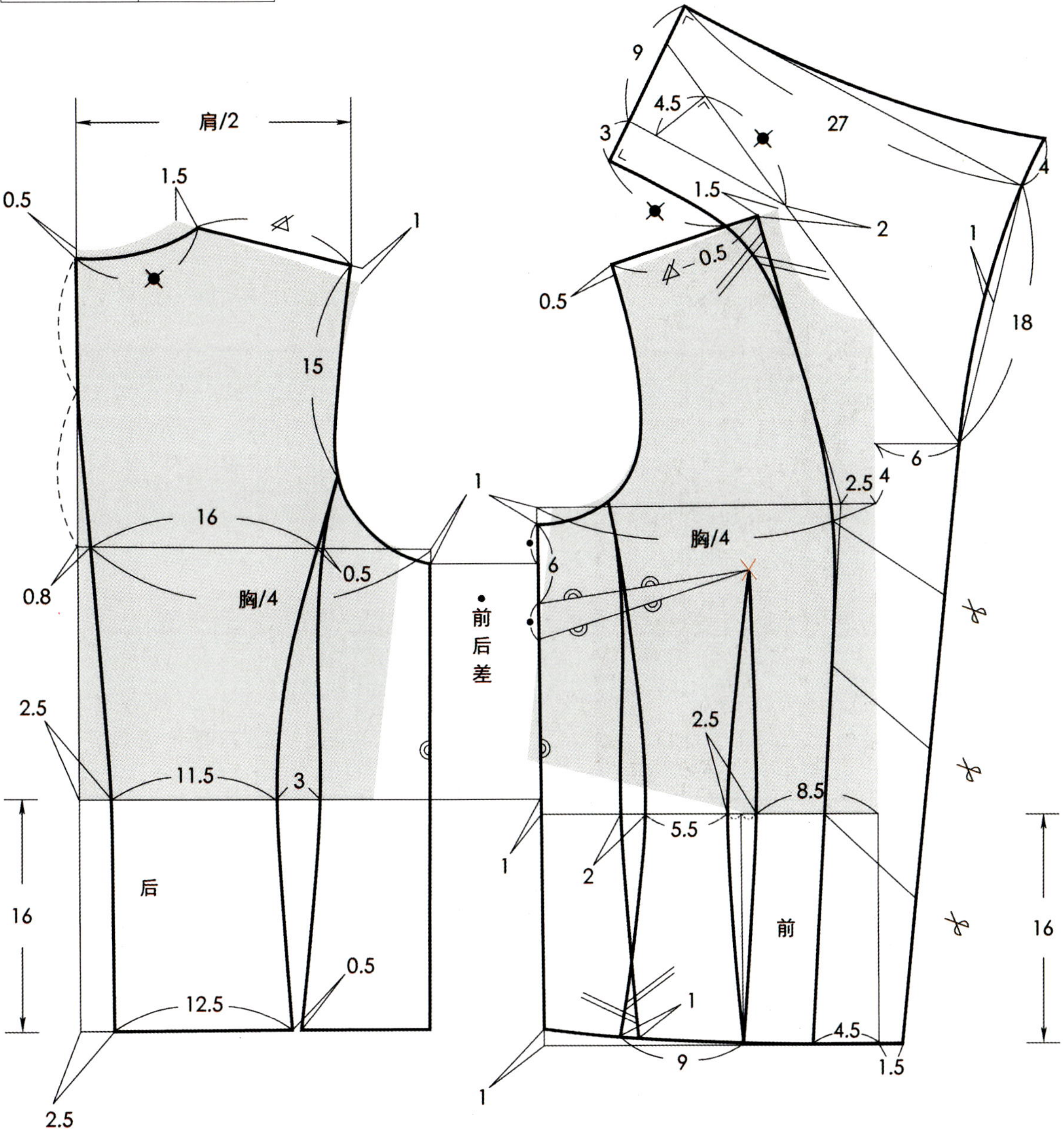

图4.29

三、展开图、放缝图重点提示（图4.31展开图、图4.32身放缝图、4.33袖放缝图）

1.前片上襟打开褶皱量：沿结构图的前襟片所标注的打褶位置线剪开，先按图中数据将样板向左展开，然后将止口线条修圆顺。

2.合并前后身的侧片：先将前身侧片的基础省道合并，然后与后身侧片的侧缝对合，并修顺底摆线。

3.放缝图中的前片3内的省道处理：先合并基础省道并打开竖省道，然后重新确定省尖的高度。

四、坯布样衣图（图4.34）

坯布样衣如图所示。

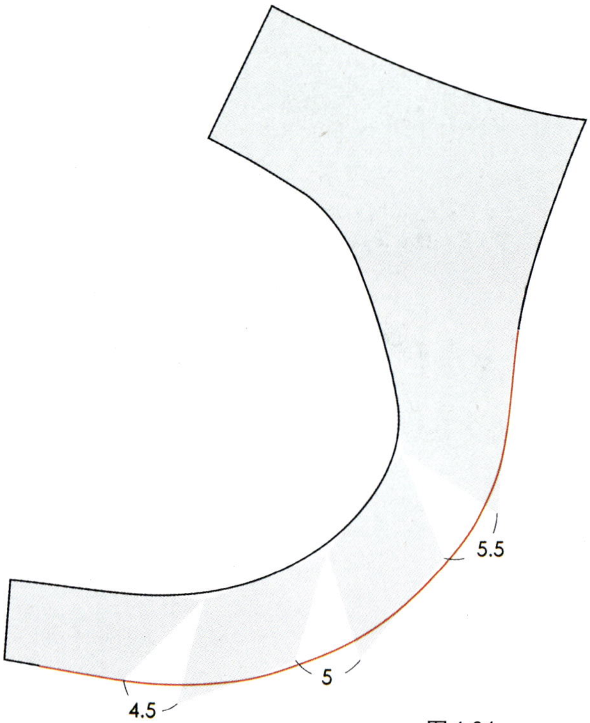

图4.31

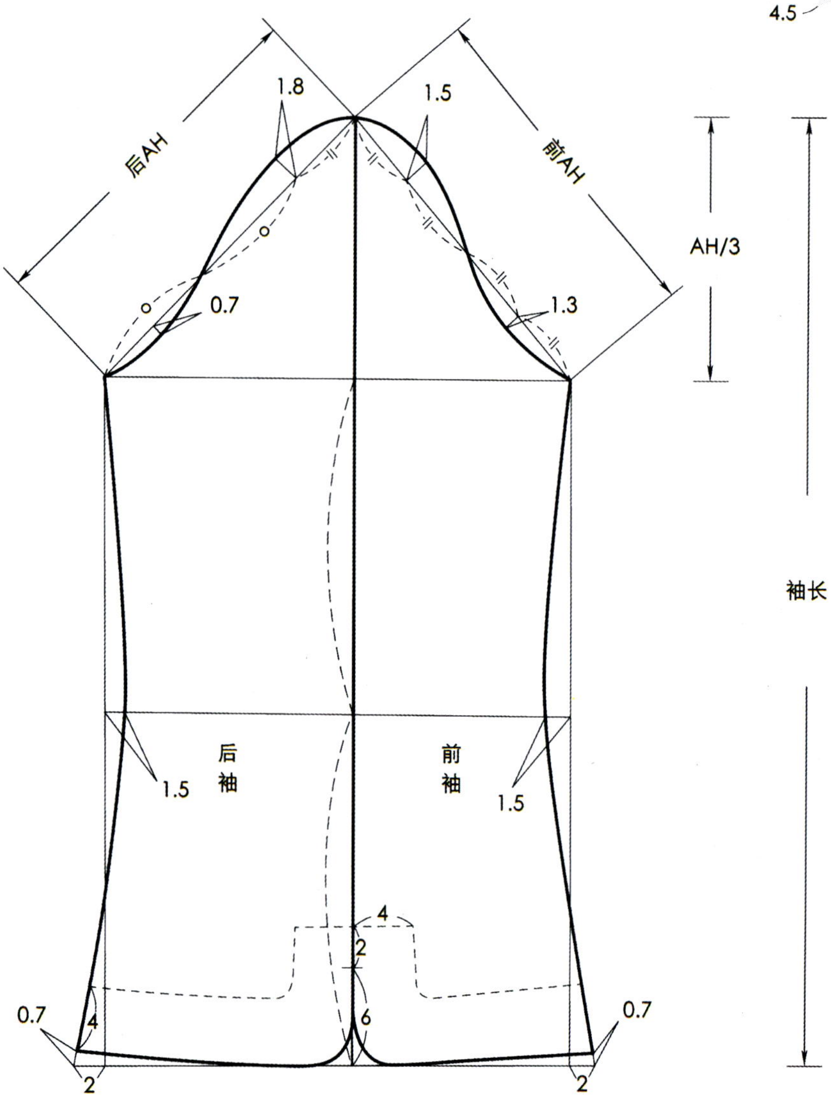

图4.30

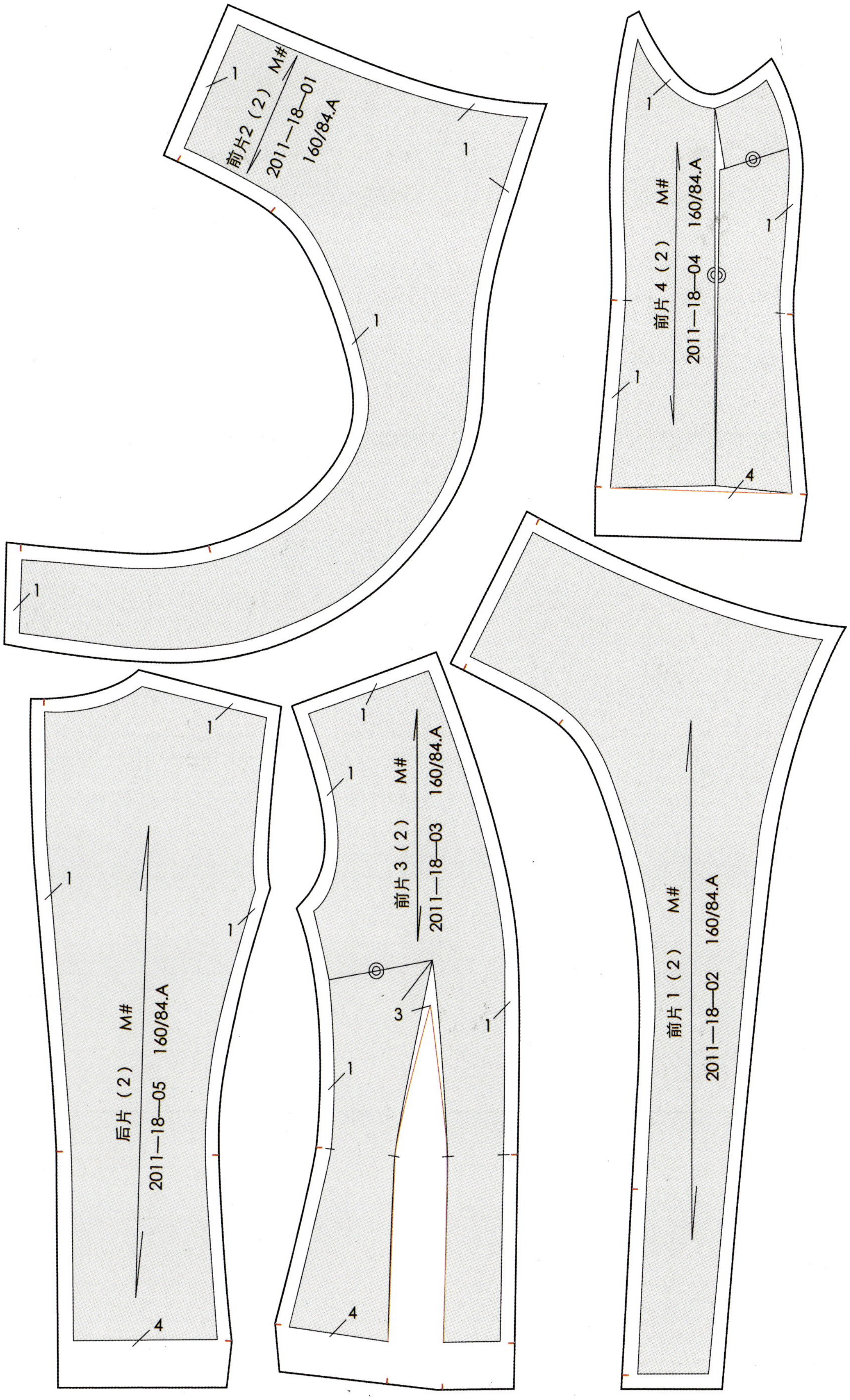
前片2（2） M#
2011—18—01
160/84.A
前片4（2） M#
2011—18—04
160/84.A
后片（2） M#
2011—18—05
160/84.A
前片3（2） M#
2011—18—03
160/84.A
前片1（2） M#
2011—18—02
160/84.A

图4.32

样板裁片

前片1	2片
前片2	2片
前片3	2片
前片4	2片
后片	2片
前袖片	2片
后袖片	2片
前袖贴边片	2片
后袖贴边片	2片

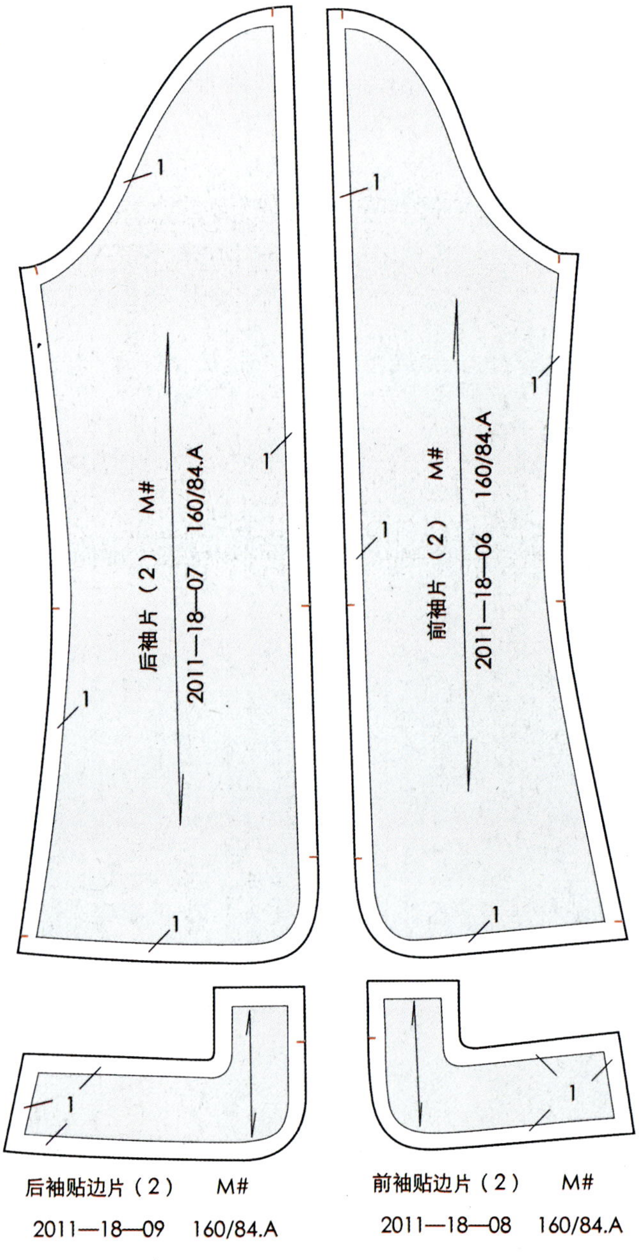

图4.33

图4.34

五、训练要求

1.设计1～2个规格尺寸，绘制1：4比例结构图。

2.拆解结构图并绘制放缝图样板。

第五章 大衣结构与制板

一、实训内容

第一节 立翻领大衣结构与制板
第二节 插肩袖大衣结构与制板
第三节 披风式短大衣结构与制板

二、实训目的

1.通过对大衣造型的结构绘制,使学生理解大衣的结构关系,准确地设计成品规格尺寸。

2. 通过训练，使学生掌握大衣效果图、款式图的表达;并根据设计合理地绘制出结构图。

3.根据结构图准确地分解裁片,绘制出放缝样板，根据样板制作坯布立体造型。

三、实训时间

3周,共计32学时。

四、实训方法

1.通过教师示范,学生根据教师的要求进行大衣全套训练。

训练时间:16学时。

2. 选择1～2款大衣造型进行技能的拓展训练。

训练时间:16学时。

第一节　立翻领大衣结构与制板

学习目标：通过训练，使学生了解大衣效果图和平面款式图的设计表达，掌握规格的确定，理解大衣的结构组成关系。

训练重点：款式规格的确定及结构图的绘制。

训练难题：样板制作和坯布样衣的完成。

训练时间：16学时。

一、款式分析（图5.01效果图、图5.02款式图）

此款大衣是圆装袖造型，由前身、后身、领子、袖子、腰带及口袋多部分组成。单排扣关门领；前门襟有装饰分割线；前后身均有刀背线；贴袋上有袋盖；袖口部位有装饰；腰部系蝴蝶结腰带。

图5.01

图5.02

规格确定

cm

衣长	110
肩宽	41
胸围	102
袖长	65

二、结构图重点提示

(一)身结构图(图5.03)

1.由于前身贴袋较大,前后身的胸围在成品尺寸的1/4基础上互借2cm,增加前身宽度。

2.前后身刀背线的下摆处放大了尺寸,注意裁片的互借关系。

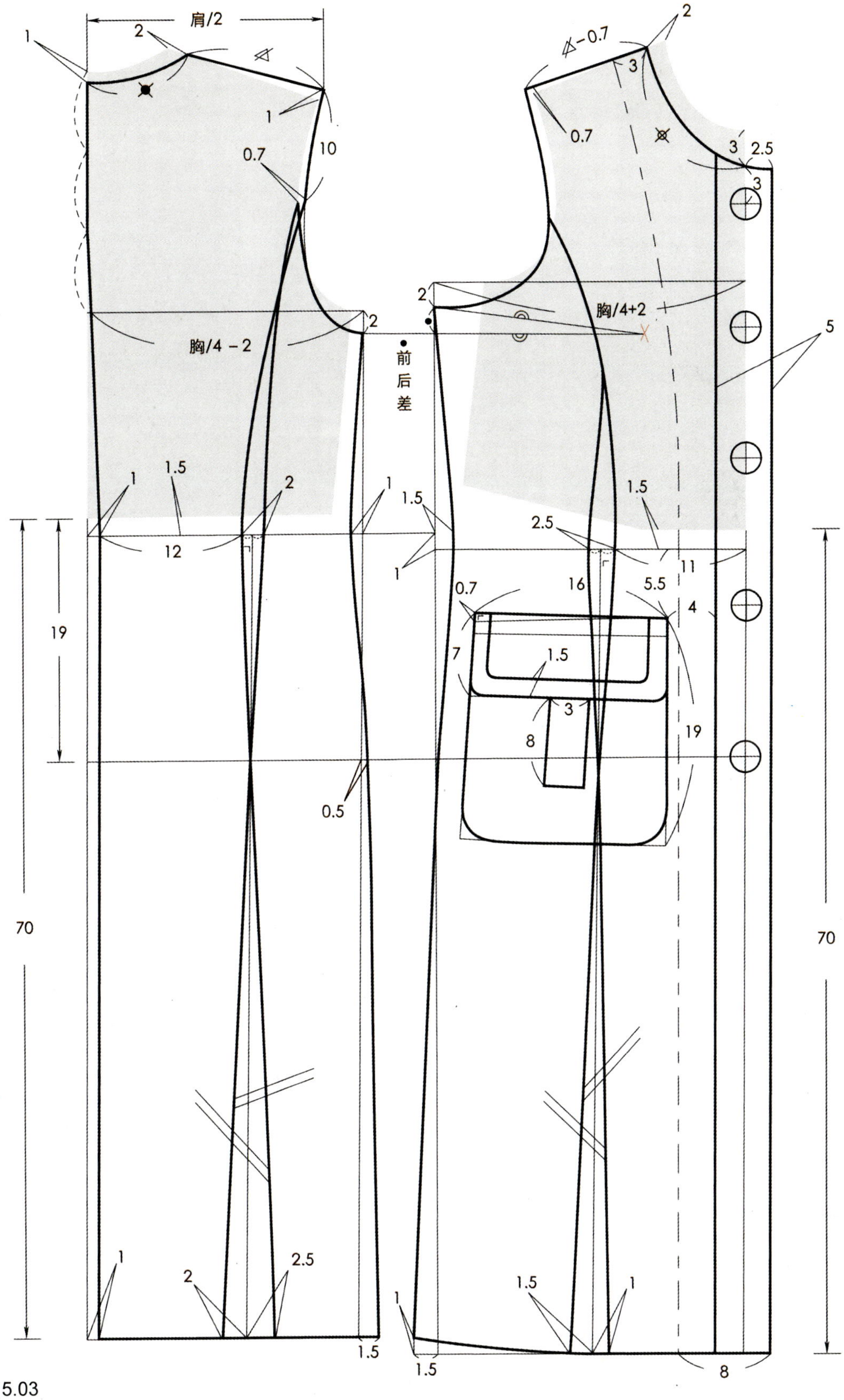

图5.03

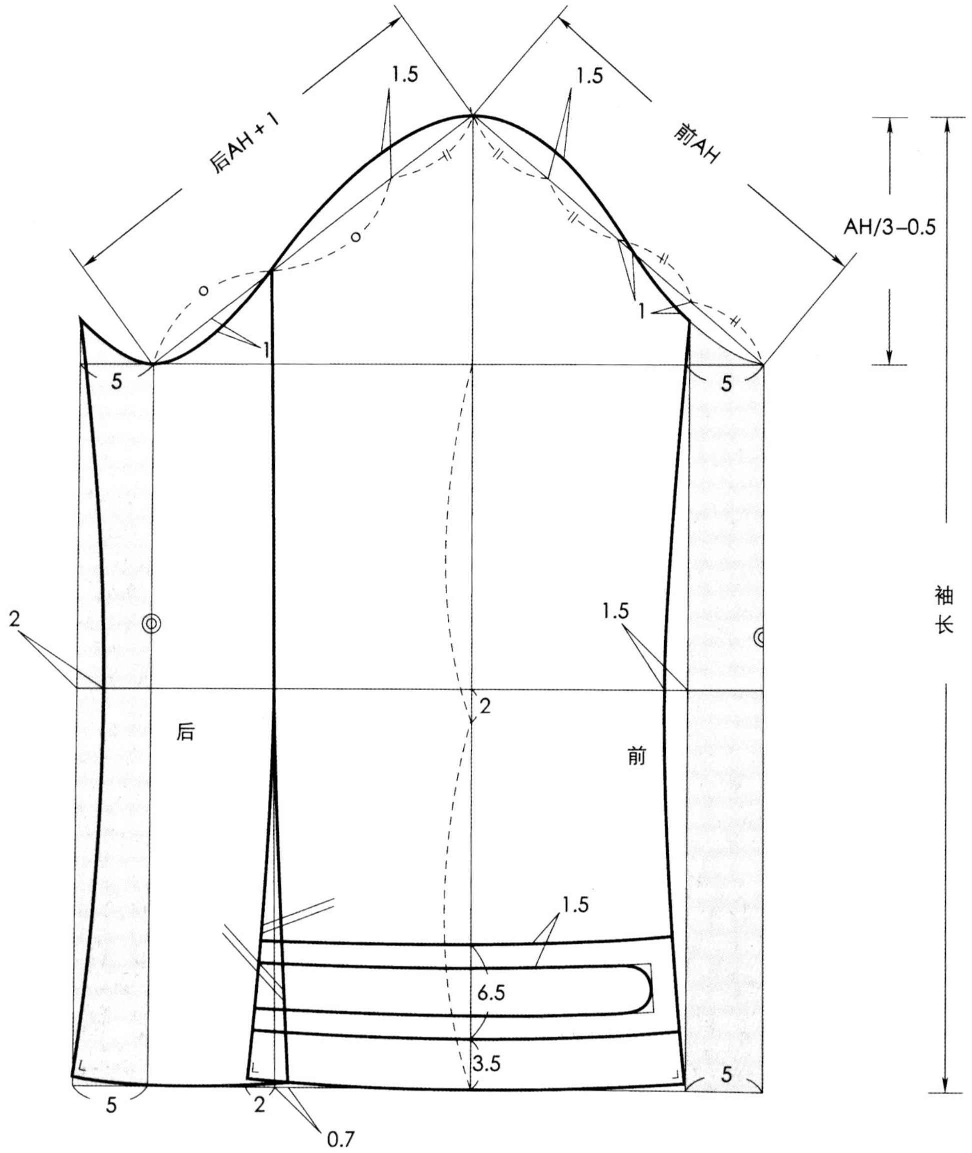

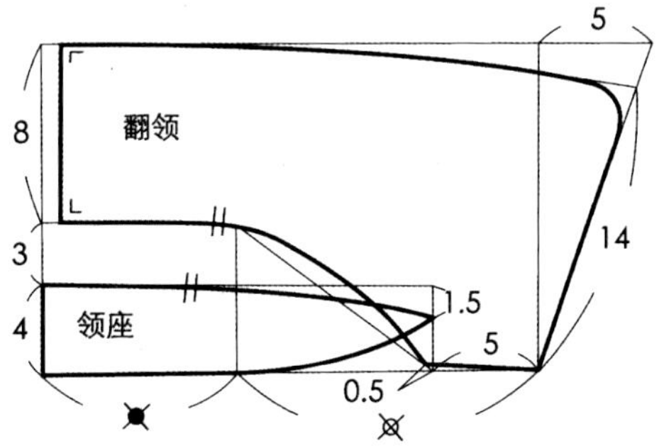

图5.04

(二)袖结构图(图5.04)

1.测量前身袖窿弧线的长度,剪掉2cm为前AH,在其基础上绘制前袖肥。

2.测量后身袖窿弧线的长度,加上2cm为后AH,由于大衣多采用较厚面料制作,所以在后AH基础上再加1cm袖山"吃量"绘制后袖肥。

3.先在一片袖前袖肥的基础上剪掉5cm,将其加在后袖肥上,然后再绘制大小袖。

三、放缝图重点提示(图5.05身放缝图,图5.06袖、领、口袋放缝图)

腰带较长,未排在图中。根据长160cm、宽5 cm加入缝边裁剪,注意腰带为双层。

四、坯布样衣图(图5.07)

坯布样衣如图所示。

五、训练提示

此款大衣的口袋和袖口的装饰边宽窄要求一致,刀背线较长,要求注意线条的圆顺及省道的合并打开的准确。

六、训练要求

1.设计规格尺寸,绘制1∶1比例结构图。

2.缝制坯布样衣一件。

七、课后作业

1.查找4~5款大衣造型。

2.选择2~3款大衣造型绘制1∶4结构图。

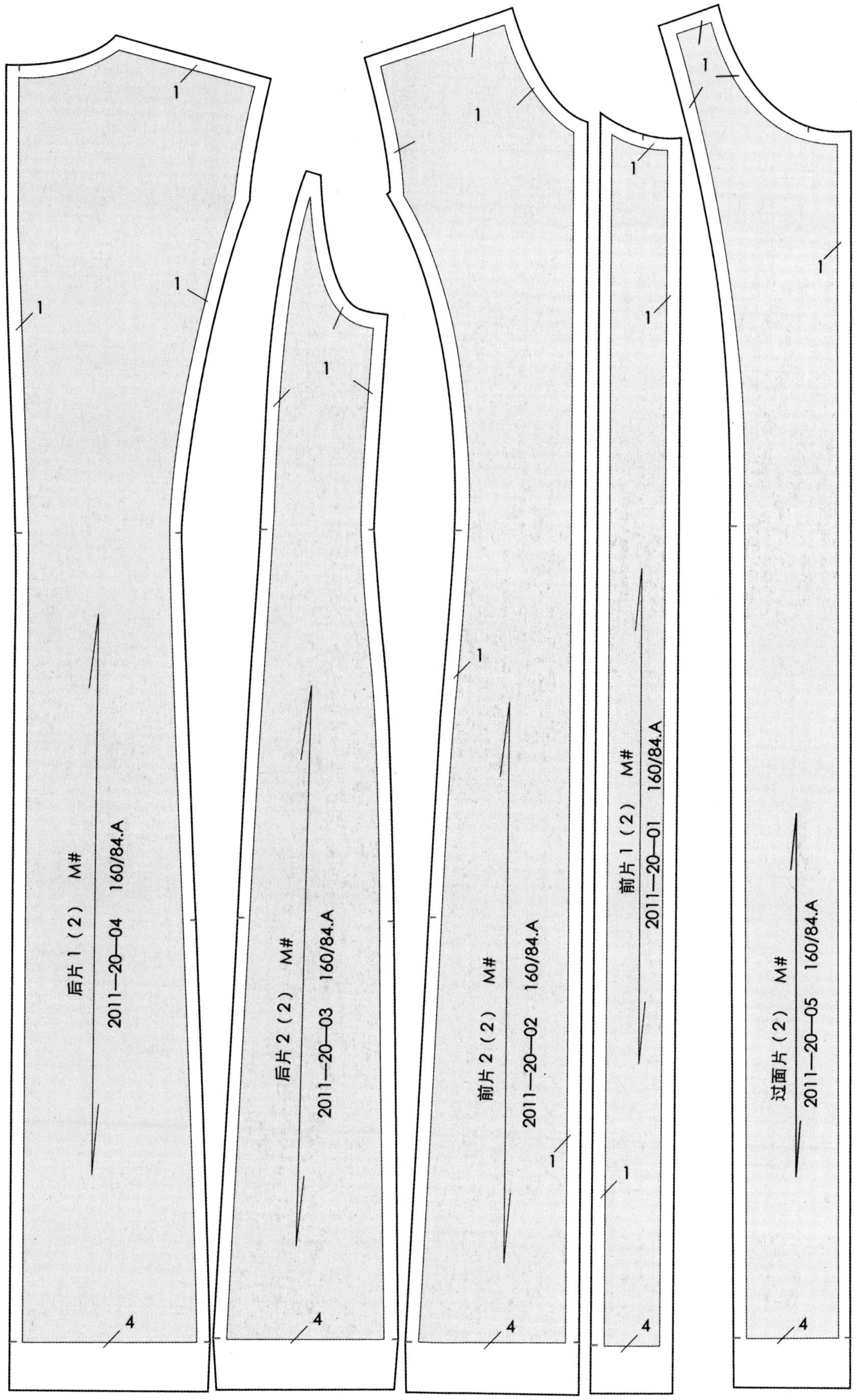

后片 1（2）　M#
2011—20—04　160/84.A
后片 2（2）　M#
2011—20—03　160/84.A
前片 2（2）　M#
2011—20—02　160/84.A
前片 1（2）　M#
2011—20—01　160/84.A
过面片（2）　M#
2011—20—05　160/84.A

图 5.05

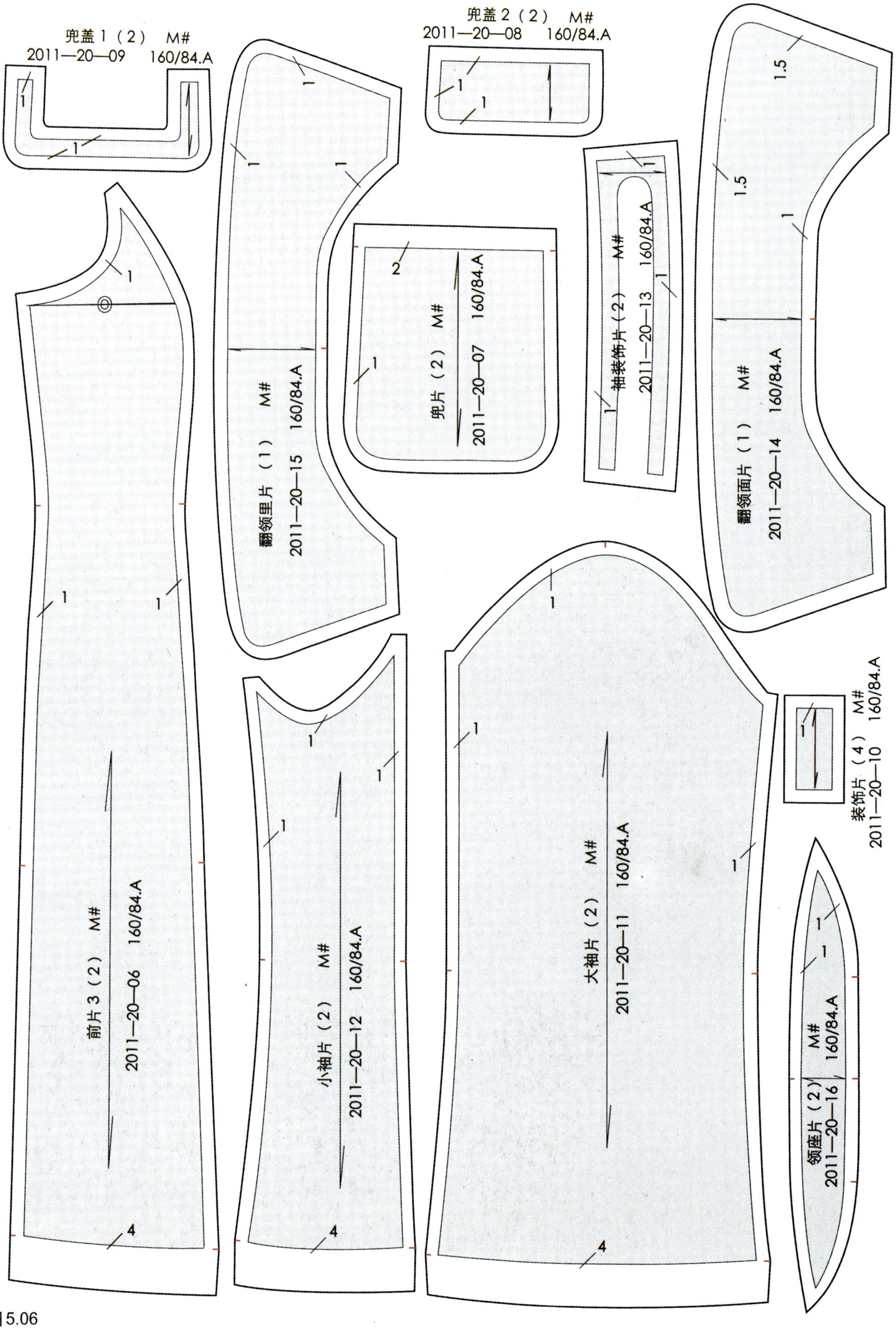
兜盖 1（2） M#
2011—20—09 160/84.A
兜盖 2（2） M#
2011—20—08 160/84.A
翻领里片（1） M#
2011—20—15 160/84.A
兜片（2） M#
2011—20—07 160/84.A
袖装饰片（2） M#
2011—20—13 160/84.A
翻领面片（1） M#
2011—20—14 160/84.A
前片 3（2） M#
2011—20—06 160/84.A
小袖片（2） M#
2011—20—12 160/84.A
大袖片（2） M#
2011—20—11 160/84.A
装饰片（4） M#
2011—20—10 160/84.A
领座片（2） M#
2011—20—16 160/84.A
1
1.5
2
4

图 5.06

样板裁片

前片1	2片	后片1	2片
前片2	2片	后片2	2片
前片3	2片	过面片	2片
前片4	2片	翻领面片	1片
兜片	2片	兜盖1	2片
袖装饰片	2片	装饰片	4片
大袖片	2片	翻领里片	1片
小袖片	2片	兜盖2	2片
领座片	2片	腰带	1片

图5.07

第二节 插肩袖大衣结构与制板

一、款式分析（图5.08效果图、图5.09款式图）

此款大衣是立翻领插肩袖造型，双排扣6粒；前后身均有刀背线，无侧缝；贴袋上有袋盖；袖口部位有袖克夫；口袋、止口等外口部位缝制宽明线。

图5.08

图5.09

规格确定

cm

衣长	95
肩宽	42
胸围	104
袖长	60

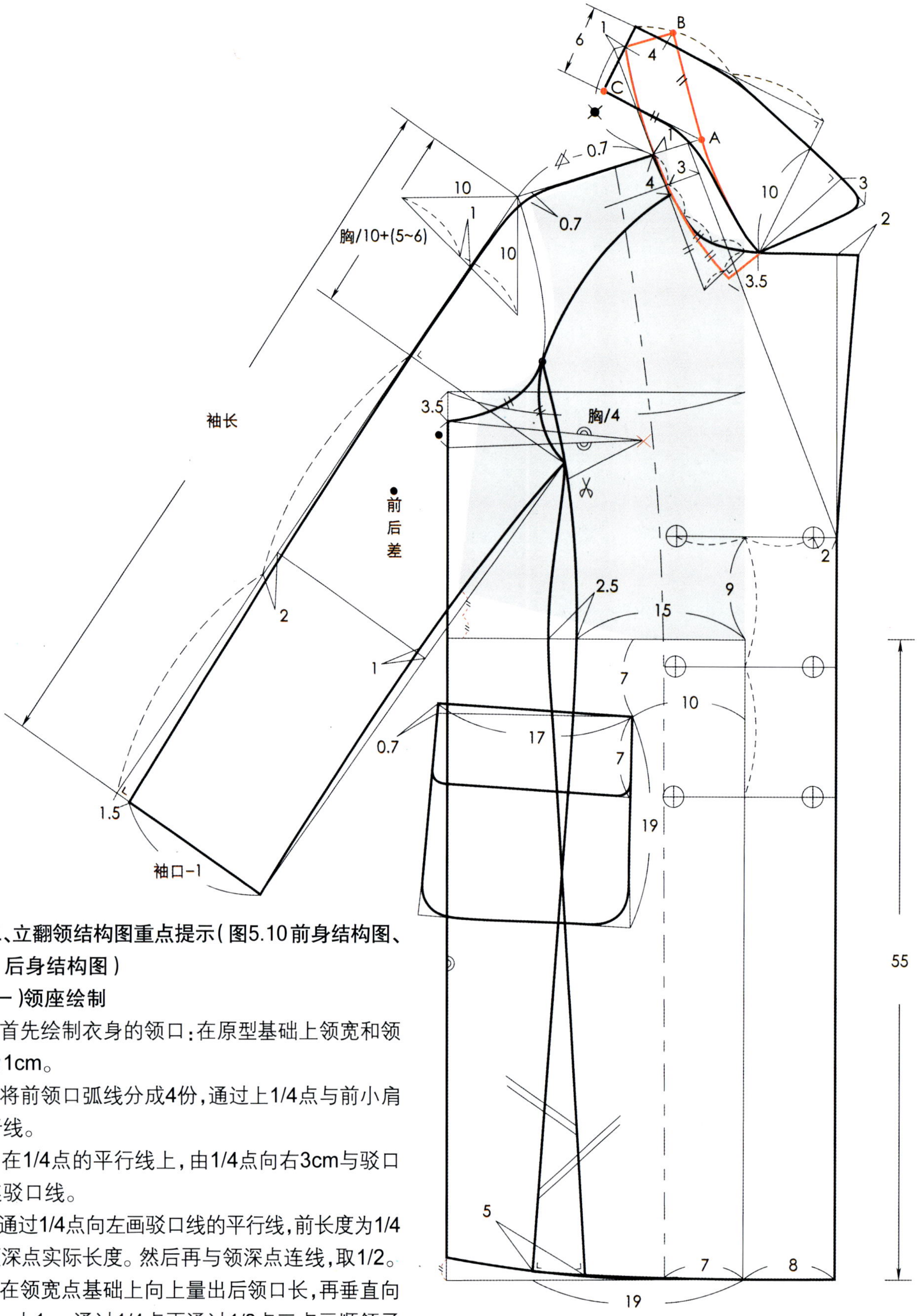

图5.10

二、立翻领结构图重点提示(图5.10前身结构图、图5.11后身结构图)

(一)领座绘制

1.首先绘制衣身的领口:在原型基础上领宽和领深均为1cm。

2.将前领口弧线分成4份,通过上1/4点与前小肩画平行线。

3.在1/4点的平行线上,由1/4点向右3cm与驳口底点连驳口线。

4.通过1/4点向左画驳口线的平行线,前长度为1/4点至领深点实际长度。然后再与领深点连线,取1/2。

5.在领宽点基础上向上量出后领口长,再垂直向右1cm。由1cm通过1/4点再通过1/2点三点画顺领子里口线,长度为衣身领口长度。

6.领座后中宽4cm,前宽3.5cm,将领中口线画圆顺。

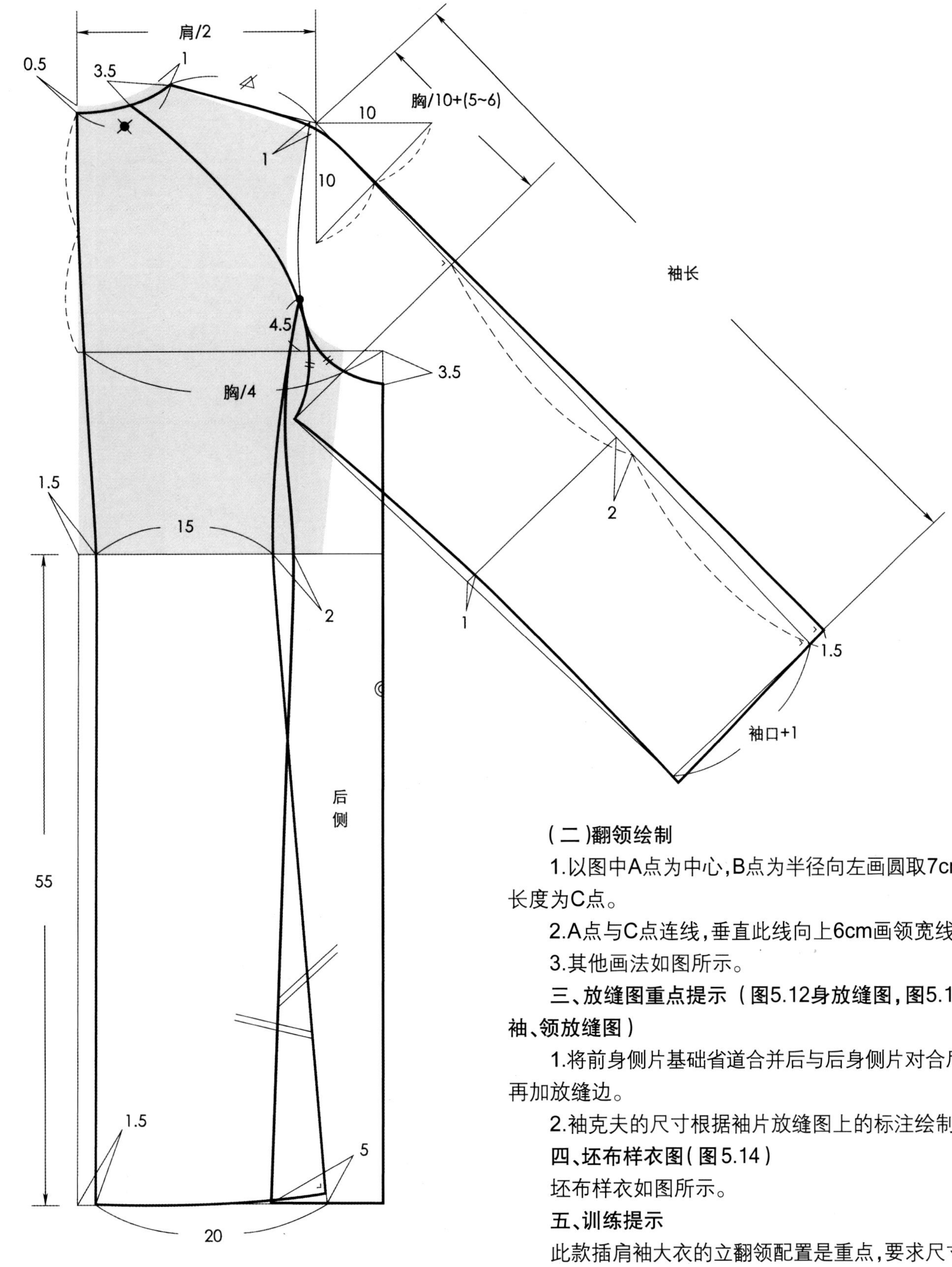

图5.11

（二）翻领绘制

1.以图中A点为中心，B点为半径向左画圆取7cm长度为C点。

2.A点与C点连线，垂直此线向上6cm画领宽线。

3.其他画法如图所示。

三、放缝图重点提示（图5.12身放缝图，图5.13袖、领放缝图）

1.将前身侧片基础省道合并后与后身侧片对合后再加放缝边。

2.袖克夫的尺寸根据袖片放缝图上的标注绘制。

四、坯布样衣图（图5.14）

坯布样衣如图所示。

五、训练提示

此款插肩袖大衣的立翻领配置是重点，要求尺寸准确。

六、训练要求

1.设计规格尺寸，绘制1：1比例结构图。

2.缝制坯布样衣一件。

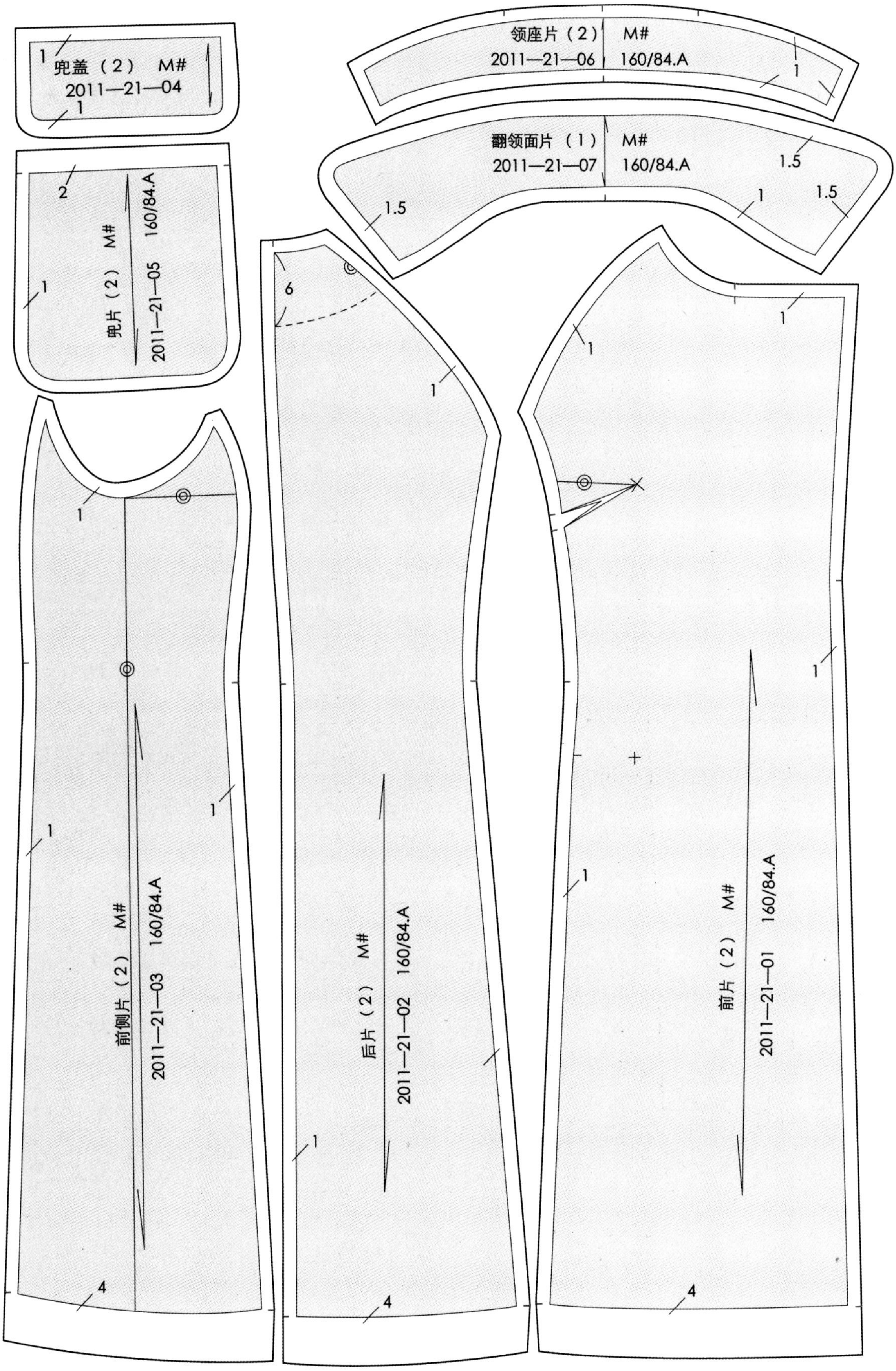

兜盖（2） M#
2011—21—04
领座片（2） M#
2011—21—06 160/84.A
翻领面片（1） M#
2011—21—07 160/84.A
兜片（2） M# 160/84.A
2011—21—05
前侧片（2） M# 160/84.A
2011—21—03
后片（2） M# 160/84.A
2011—21—02
前片（2） M# 160/84.A
2011—21—01

图5.12

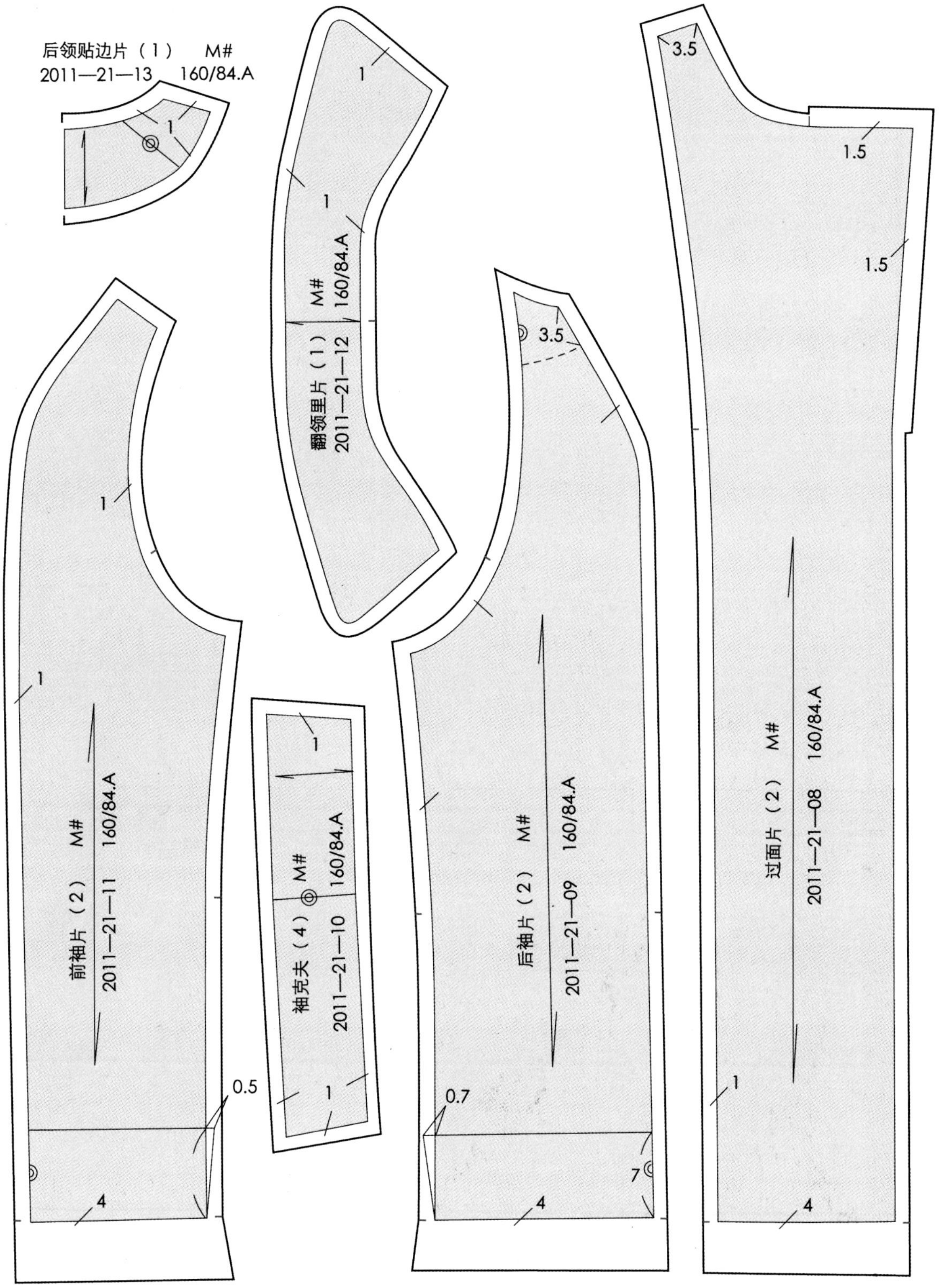

图5.13

样板裁片

前片	2片	后片	2片	前袖片	2片
前侧片	2片	后领贴边片	2片	后袖片	2片
过面片	2片	翻领面片	1片	领座片	2片
兜片	2片	袖克夫	4片	翻领里片	1片
兜盖	2片				

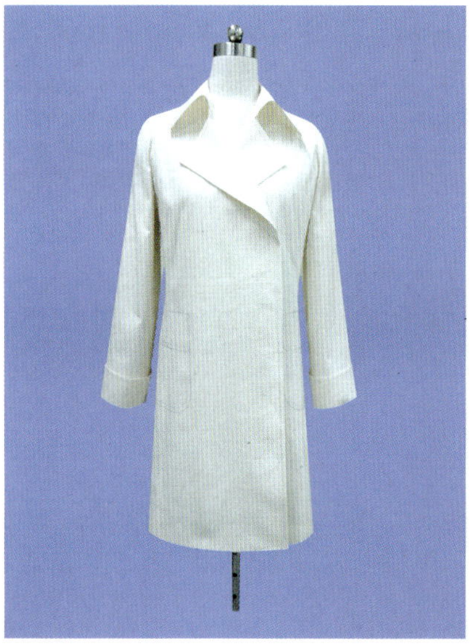

图5.14

图5.15

第三节　披风式短大衣结构与制板

一、款式分析（图5.15效果图、图5.16款式图）

此款短大衣为披风造型，由前身、后身、领子三部分组成。前后身均是整衣身，肩袖较短，前身领口处略开，领子为中式立领。

图5.16

规格确定

cm

衣长	72
肩宽	40
肩袖长	58

二、结构图重点提示（图5.17前结构图、图5.18后结构图）

1.领口可根据设计需要在原型基础上放大。

2.肩部位的绘制方法与插肩袖大衣的绘制方法相同。

3.前后肩缝线的角度可根据需要进行调节。

4.图中38cm为袖长，根据成品尺寸的肩袖长减掉肩宽的1/2。

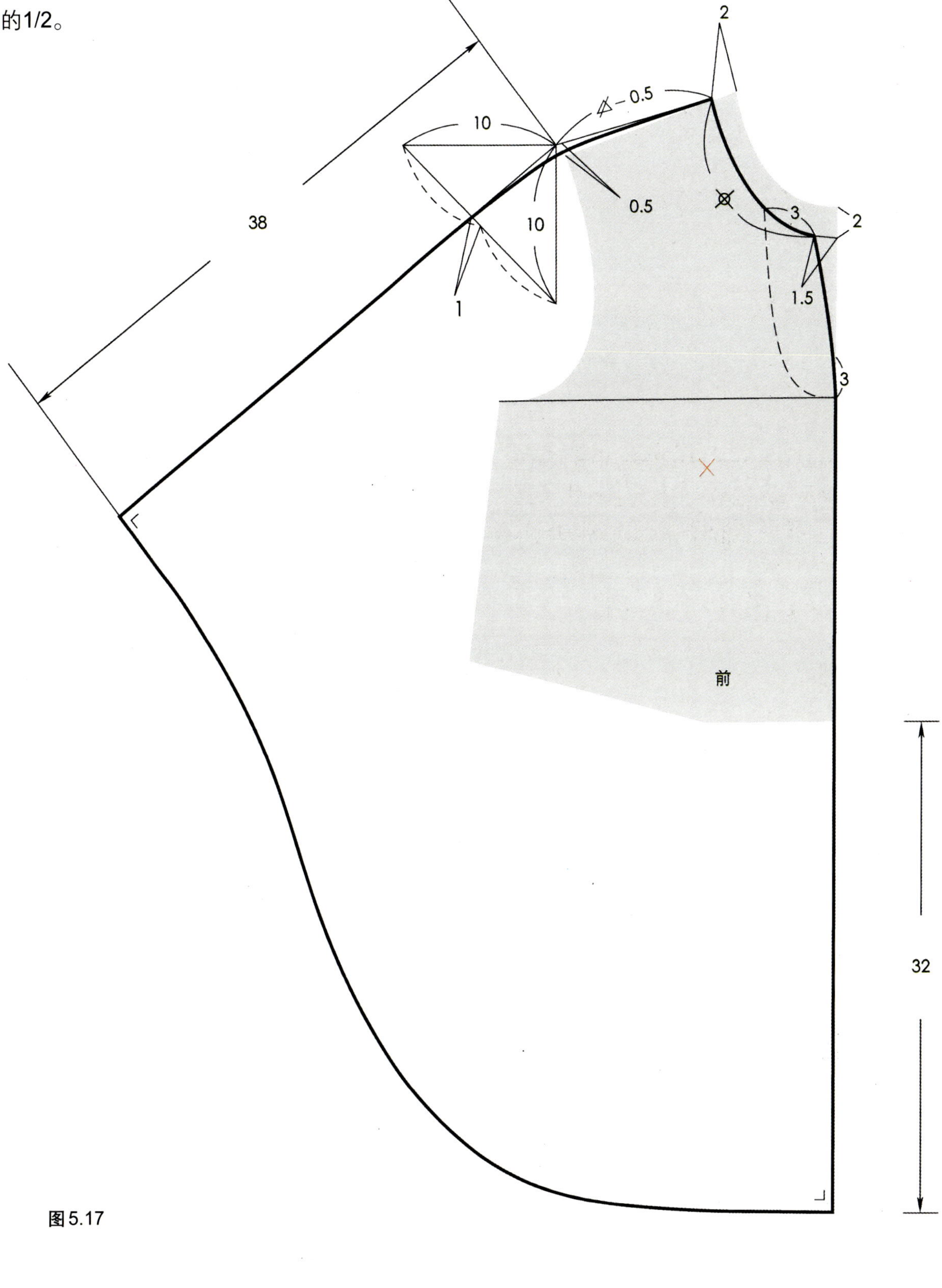

图5.17

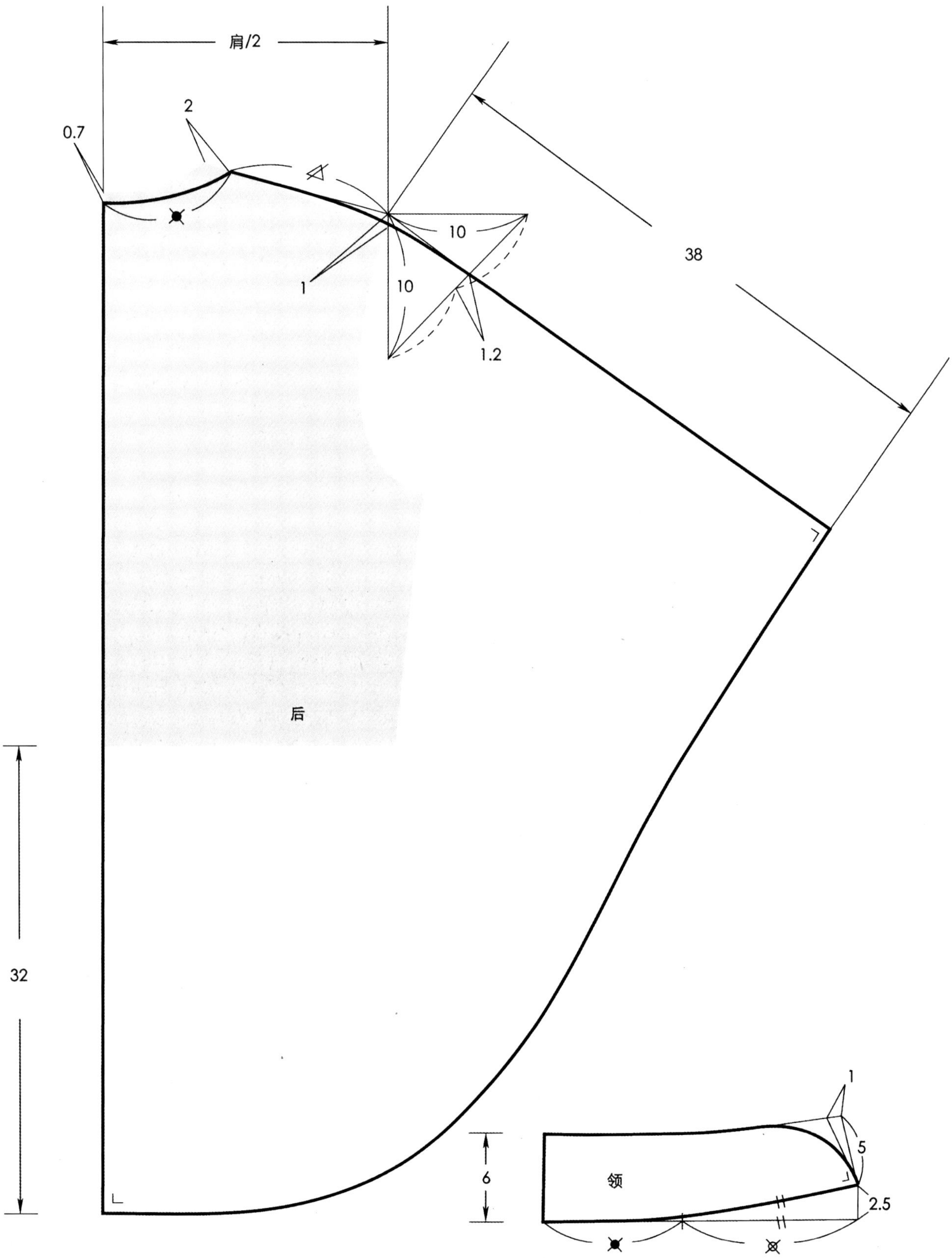

图5.18

第三节 披风式短大衣结构与制板

一、款式分析（图5.15效果图、图5.16款式图）

此款短大衣为披风造型，由前身、后身、领子三部分组成。前后身均是整衣身，肩袖较短，前身领口处

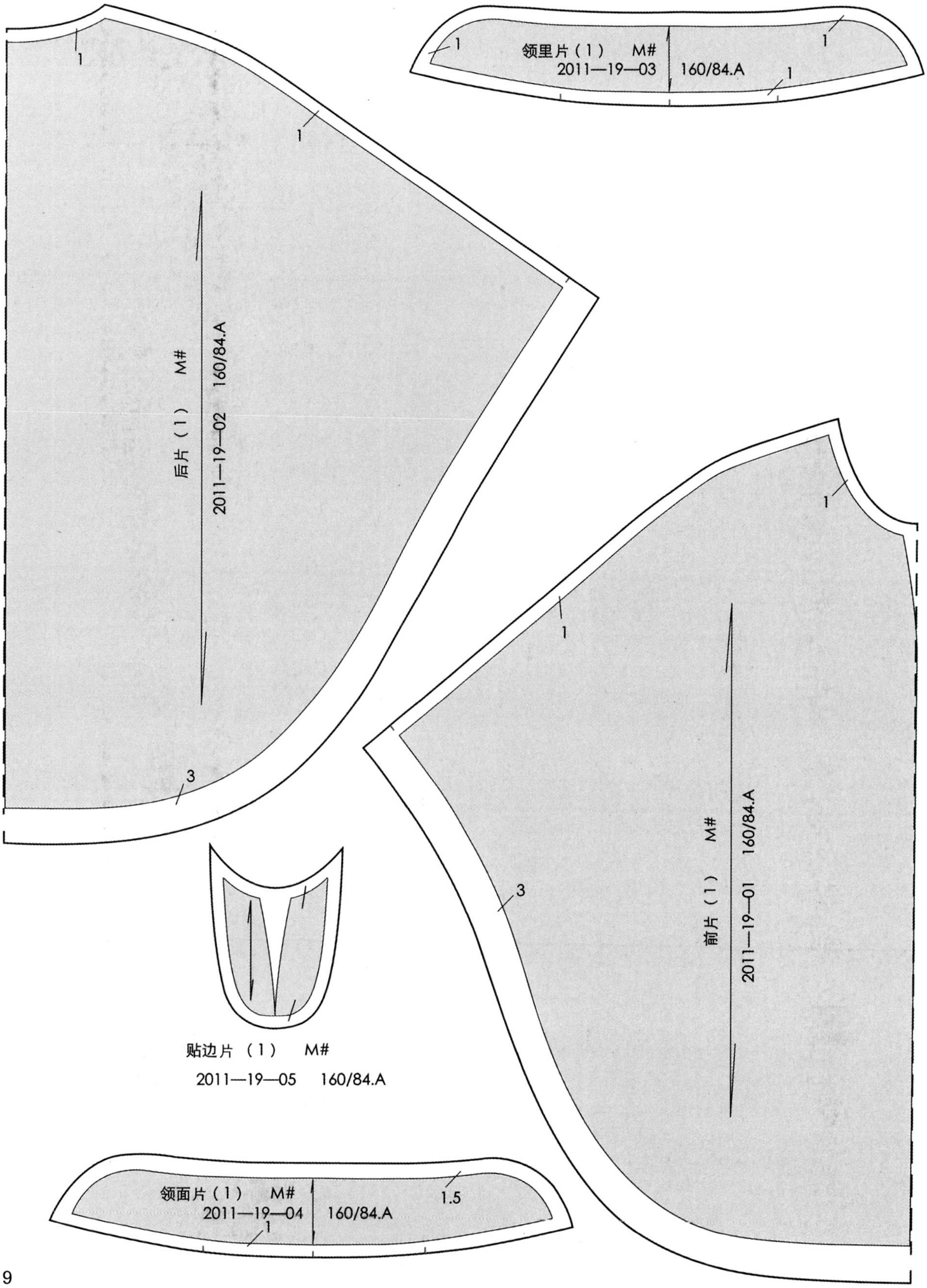

图5.19

样板裁片

前片	1片(整)
后片	1片(整)
领面片	1片
领里片	1片
贴边片	1片

图5.20

第六章 礼服结构与制板

一、实训内容

第一节 小礼服结构与制板

第二节 中式礼服结构与制板

第三节 夜礼服结构与制板

二、实训目的

1.通过对礼服造型的结构绘制，使学生理解礼服的结构关系，准确地设计成品规格尺寸。

2.通过训练，使学生掌握礼服效果图、款式图的表达；并根据设计合理地绘制出结构图。

3.根据结构图准确地分解裁片，绘制出放缝样板，根据样板制作坯布立体造型。

三、实训时间

2周，共计32学时。

四、实训方法

选择1～2款礼服造型进行技能训练。

第一节 小礼服结构与制板

学习目标：通过训练，使学生了解礼服效果图和平面款式图的设计表达，掌握规格的确定，理解礼服的结构组成关系。

训练重点：款式规格的确定及结构图的绘制。

训练难题：样板制作和坯布样衣的完成。

训练时间：16学时。

一、款式说明（图6.01效果图、图6.02款式图）

此款礼服属紧身型，由前身、后身两部分组成。前后身左右各有两条竖分割线，下摆稍呈A状，拉锁开在后中线上。

图6.01

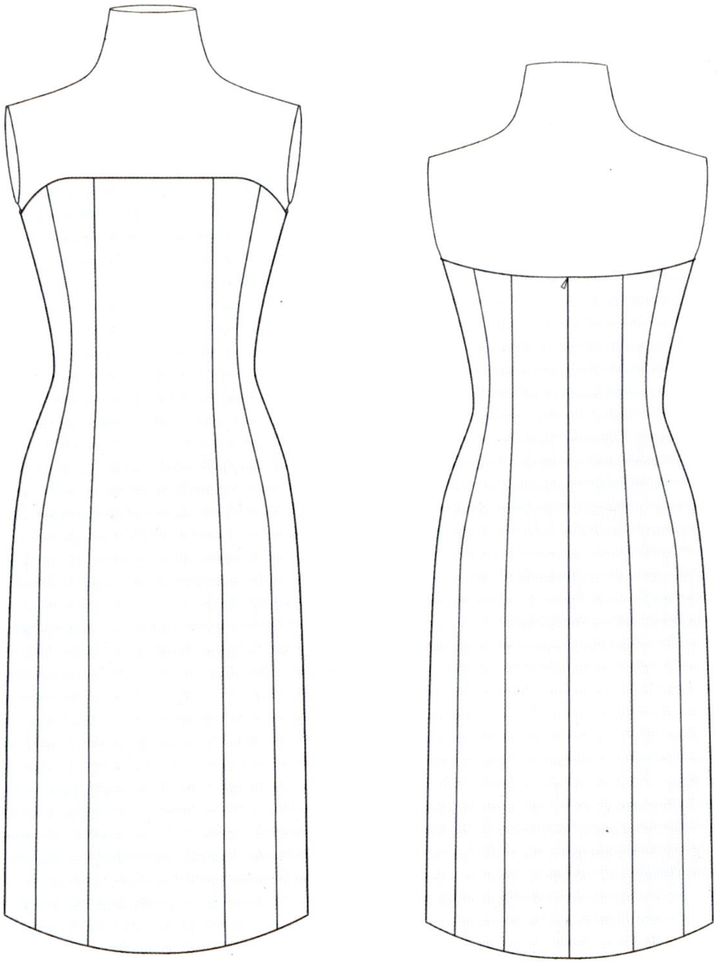

图6.02

规格确定

cm

裙长	70
胸围	86
臀围	92
腰围	66

二、结构图重点提示（图6.03）

1.将前、后身原型摆放在同一条水平线上。

2.前片胸围在原型基础上收进1cm，袖窿深在原型基础上向下3 cm。

3.后片胸围在原型基础上收进0.7cm，袖窿深取前片尺寸。

4.前后腰围均按成品尺寸的1/4，省道大小根据设计需要。

5.在完成坯布样衣后再根据穿着效果调节胸部上口。

三、放缝图（图6.04）和坯布样衣图（图6.05）

放缝图和坯布样衣如图所示。

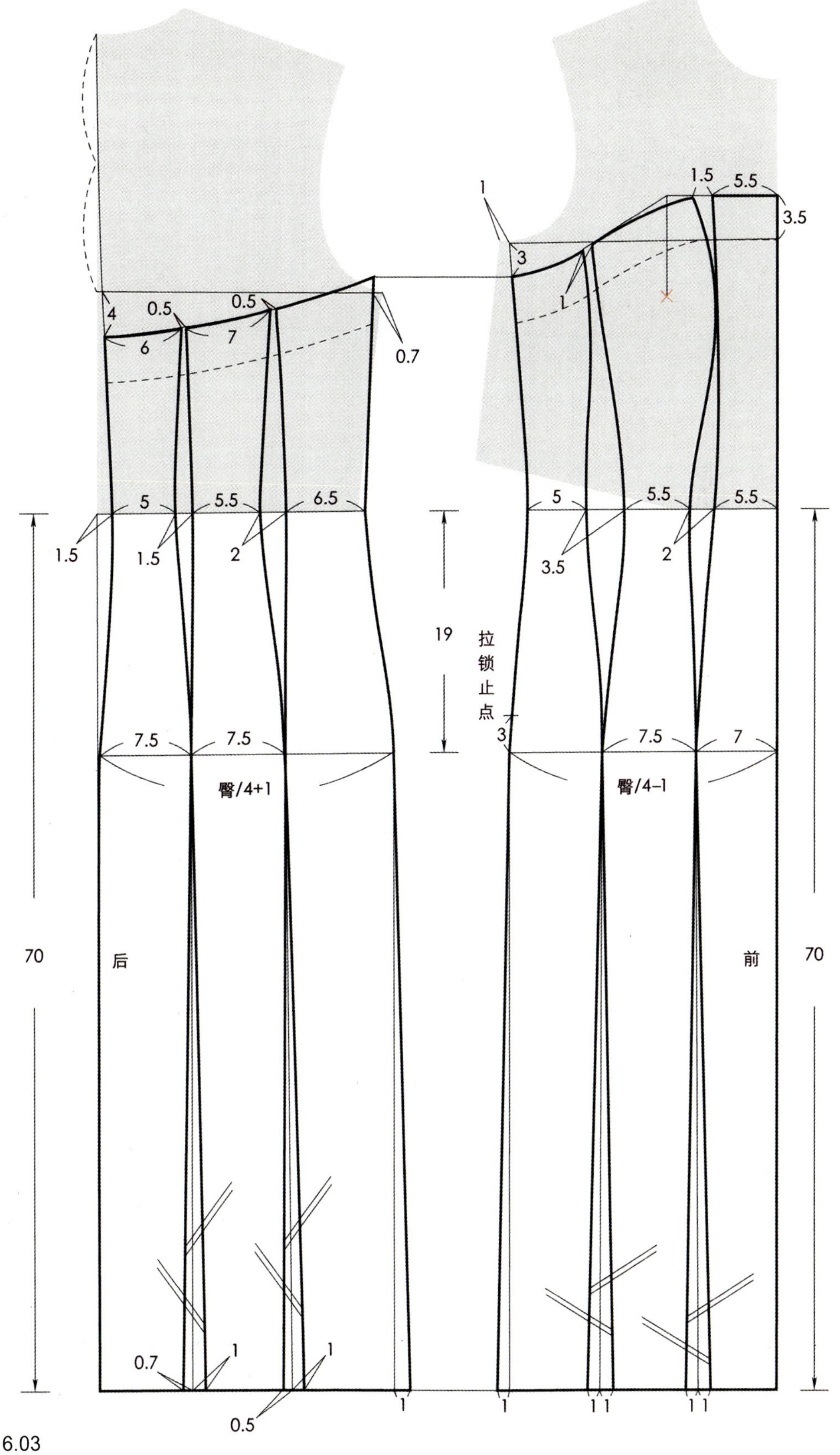

图6.03

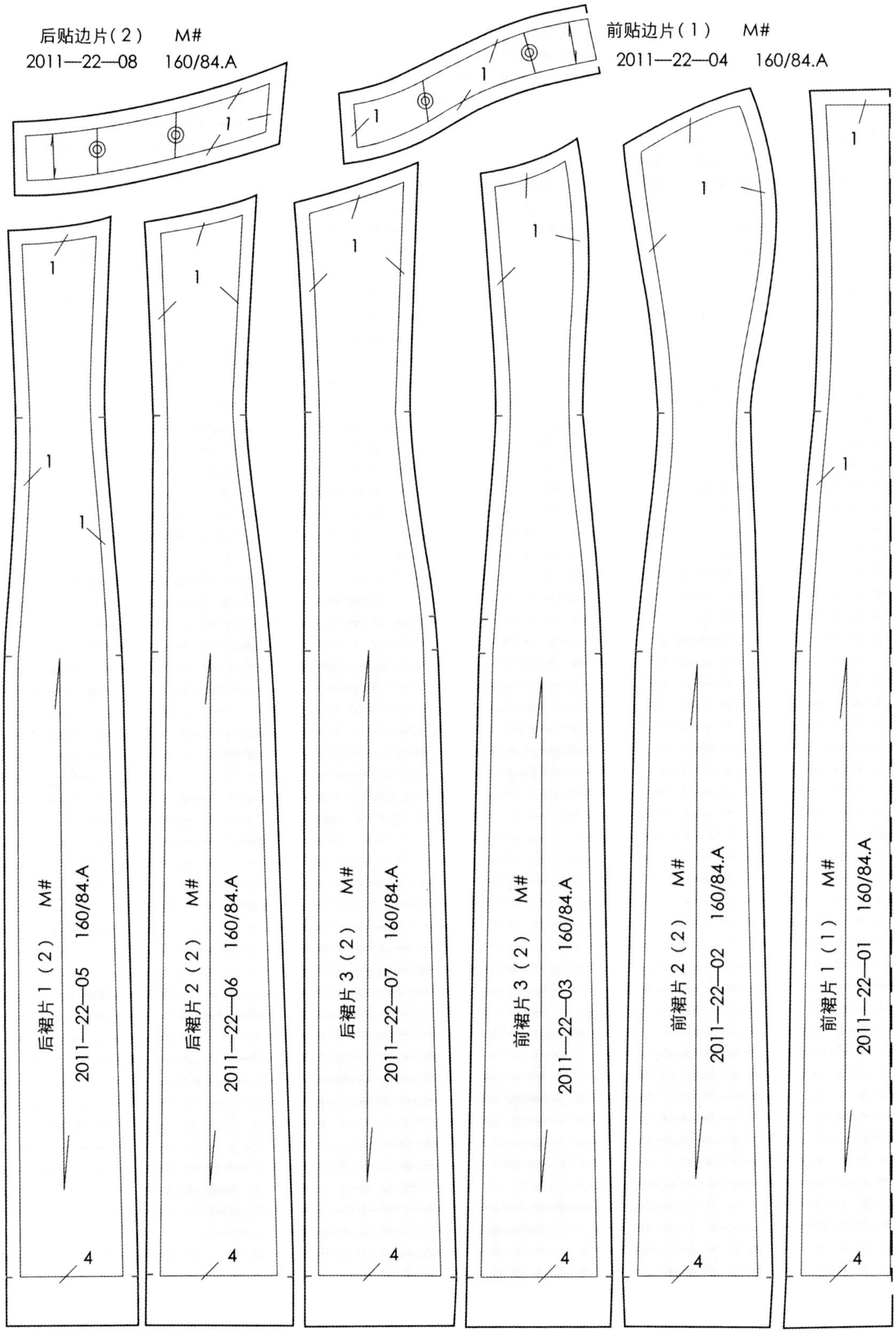

图6.04

样板裁片

前裙片1	1片（整）	后裙片1	2片
前裙片2	2片	后裙片2	2片
前裙片3	2片	后裙片3	2片
前贴边片	1片（整）	后贴边片	2片

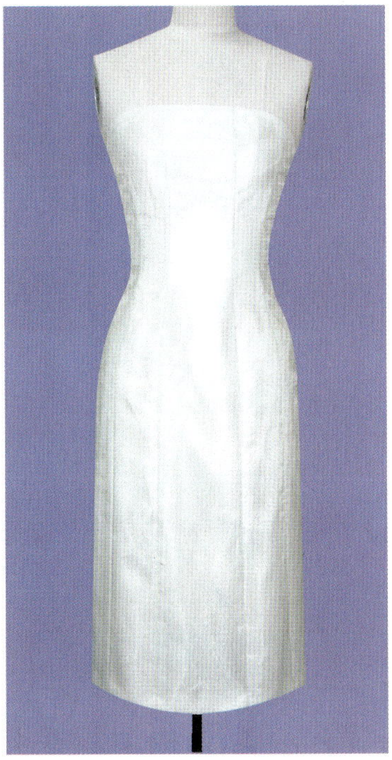

图6.05

四、训练要求

1.设计1～2款小礼服造型并确定规格尺寸，绘制1∶1比例结构图。

2.缝制坯布样衣一件。

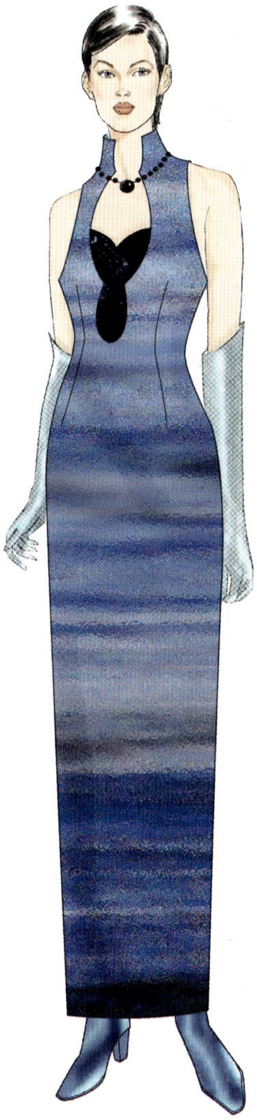

图6.06

第二节 中式礼服结构与制板

一、款式分析（图6.06效果图、图6.07款式图）

此款礼服属长款中式造型，由前身、后身两部分组成。前后领子与衣身相连，下摆稍向里收，两侧有开衩，拉锁开在后中线上。

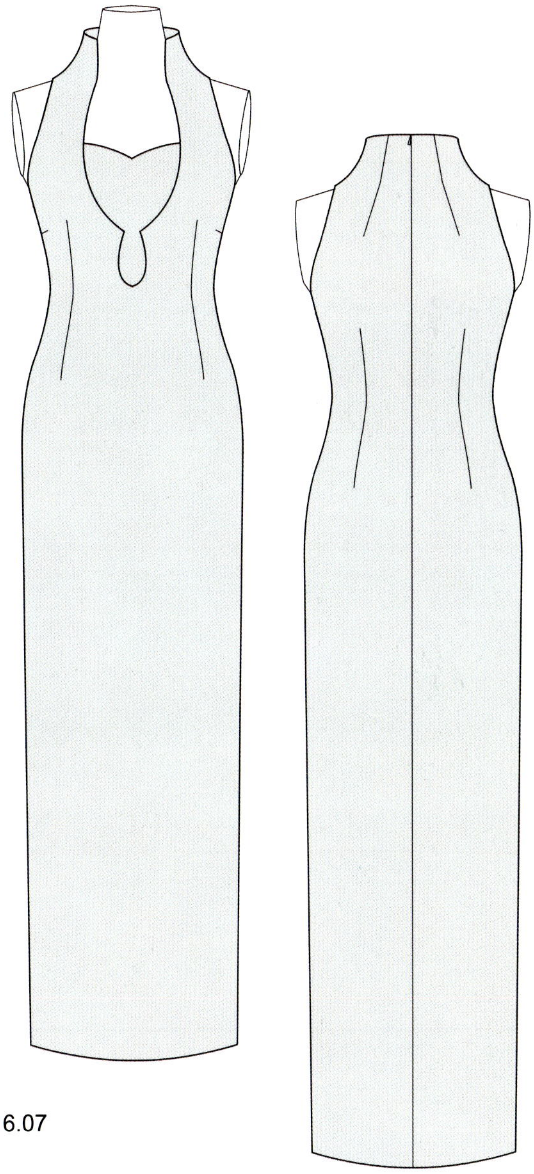

图6.07

规格确定

cm

裙长	110
胸围	90
腰围	68
臀围	92

二、结构图重点提示（图6.08）

1.将前、后身原型摆放在同一条水平线上。

2.前后胸围均按成品尺寸的1/4计算，袖窿深在原型基础上不变。

3.先在后中线上收进1cm，然后均按成品尺寸的1/4计算前后腰围，省道大小根据设计需要而定。

4.合并后肩省打开领省后按图中标注的数据画实际的省道。

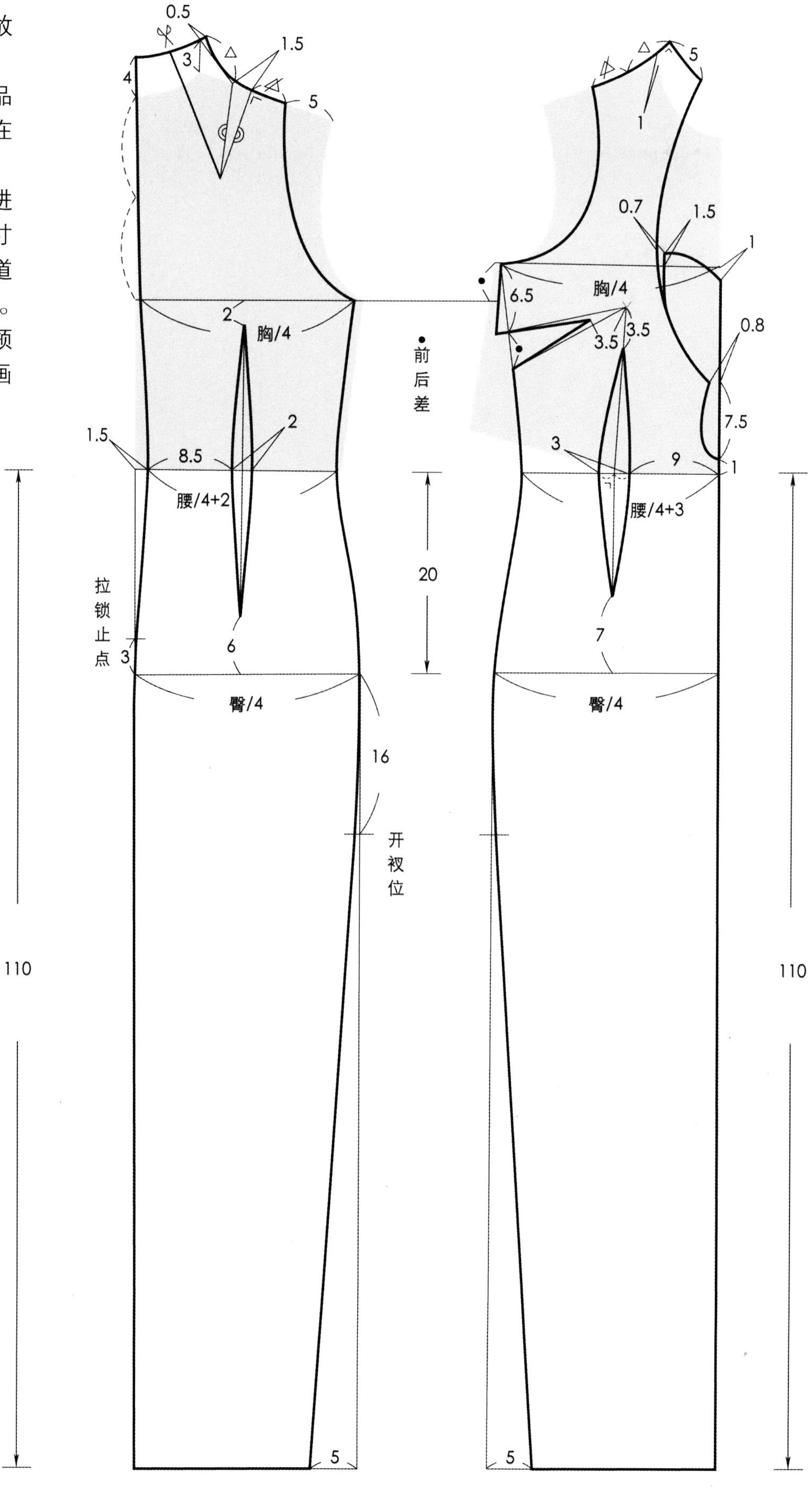

图6.08

三、放缝图（图6.09）和坯布样衣图（图6.10）

放缝图和坯布样衣如图所示。

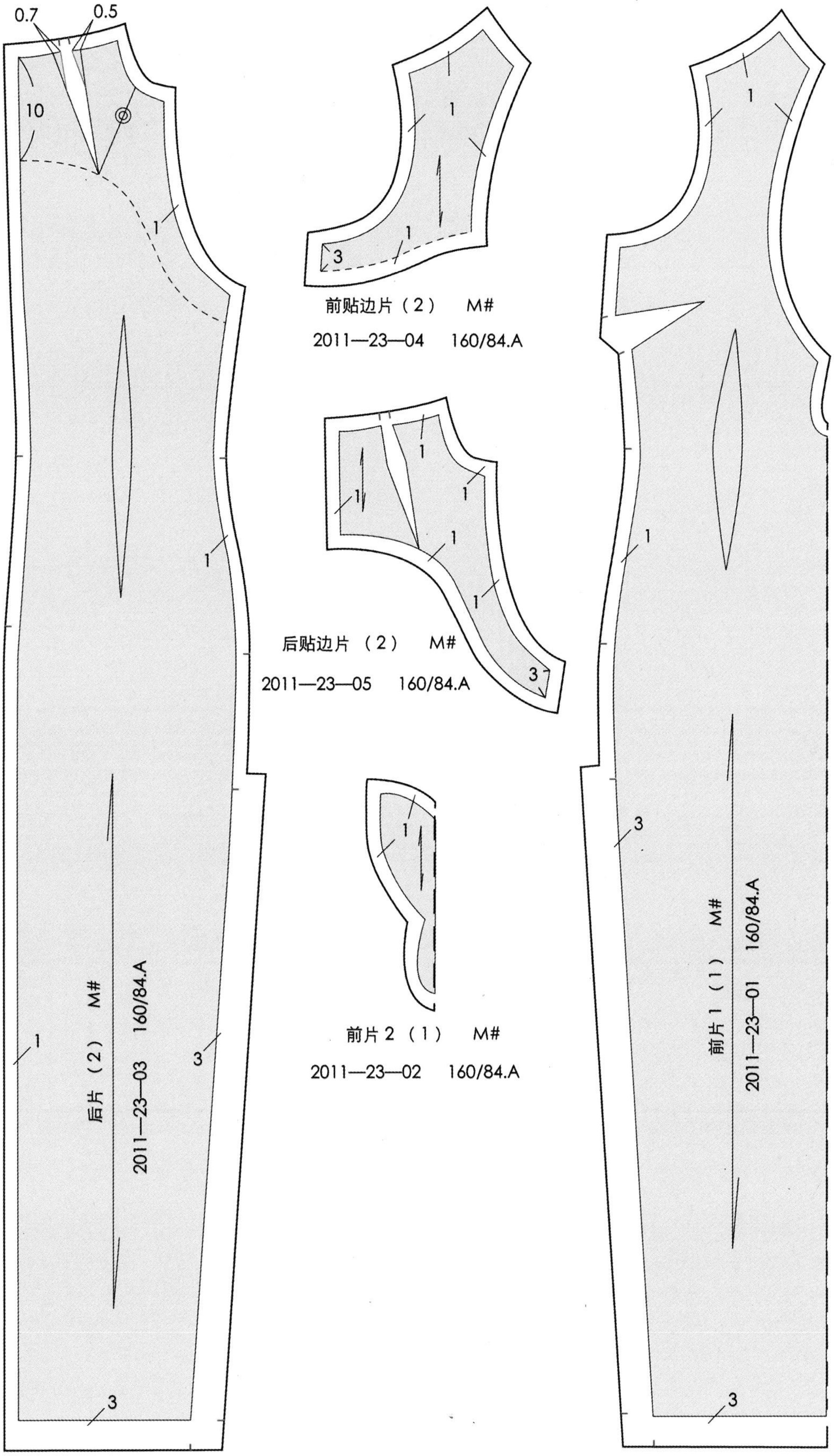

样板裁片

前片1	1片（整）
前片2	1片（整）
后片	2片
前贴边片	2片
后贴边片	2片

图6.09

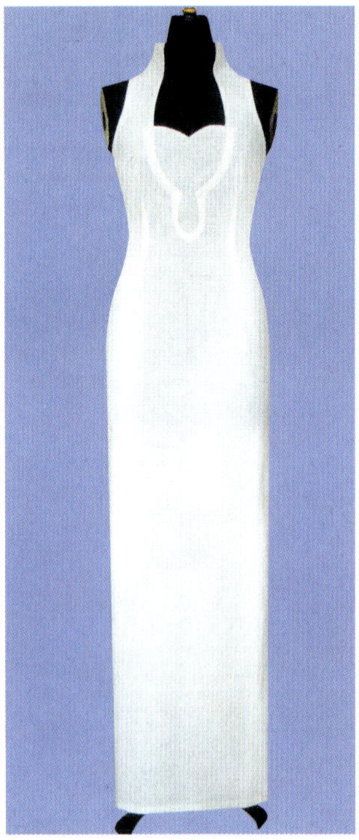

图6.10

四、训练要求

1.设计1～2款中式造型的礼服并确定规格尺寸，绘制1∶1比例结构图。

2.缝制坯布样衣一件。

第三节　夜礼服结构与制板

一、款式分析（图6.11效果图、图6.12款式图）

此款礼服分割线较多，由前身、后身、领子和多层裙片组成。领子为双层造型、裙身下摆呈鱼尾造型、裙摆前后不对称，后身较长，拉锁开在侧缝上。

规格确定

cm

前裙长	113
胸围	90
腰围	68
臀围	92

图6.11

图6.12

二、结构图重点提示（图6.13）

1.将前、后身原型摆放在同一条水平线上。

2.前后胸围均按成品尺寸的1/4计算，袖窿深在原型基础上向下1.5cm。

3.按成品尺寸的1/4计算前后腰围，省道大小根据设计需要设置。

4.测量前后差并分成3份，在横断线上去掉1/3量，另外的2/3量为基础省道宽。

5.合并基础省道，打开横断线上的竖省道，然后按放缝图中的标注重新确定省道尖。

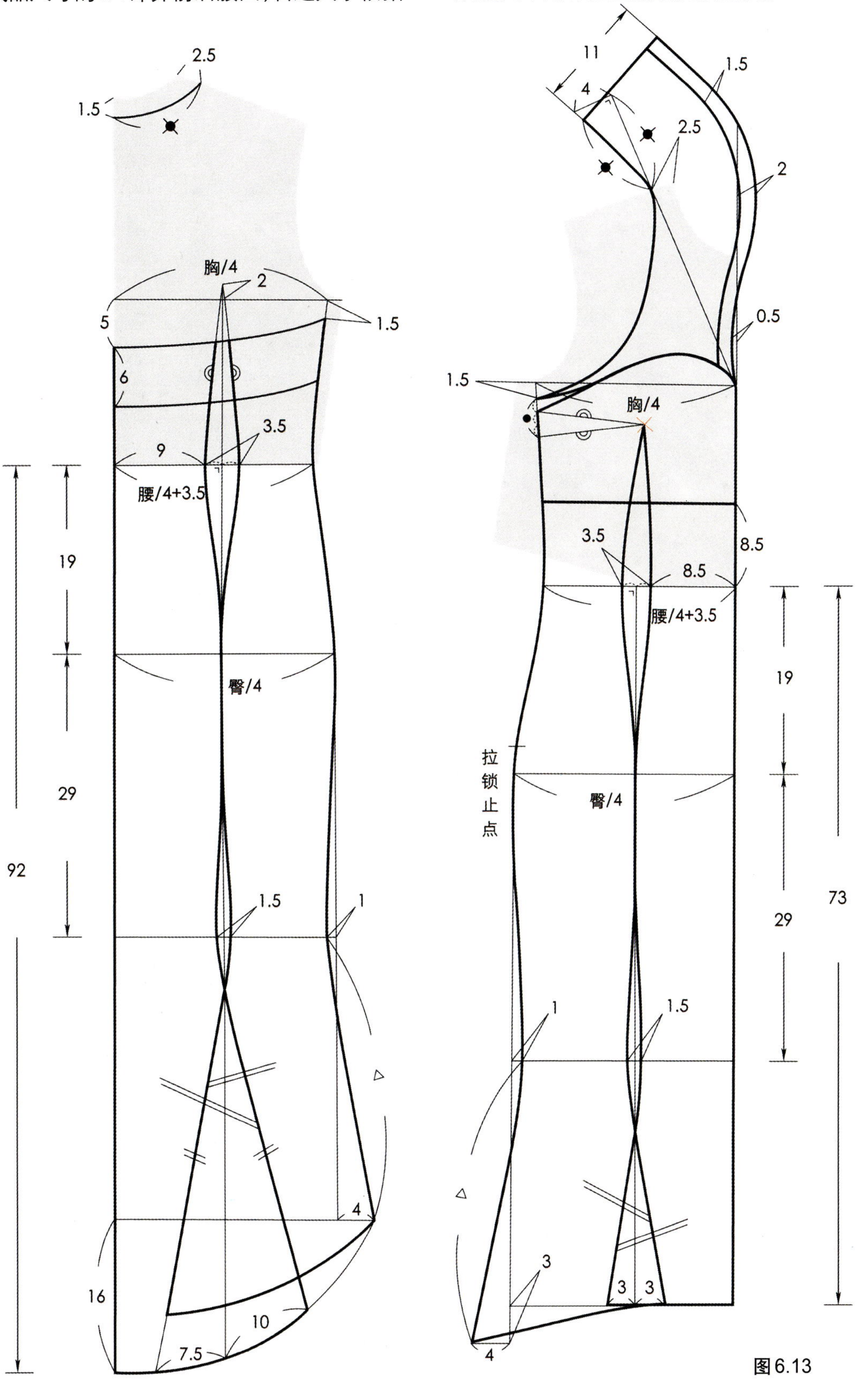

图6.13

三、展开图重点提示（图 6.14）

1. 后裙片分解为3片，每片展开方法与前裙片相同。

2. 前后展开的大小决定褶皱效果，可根据设计进行调节。

四、放缝图重点提示（图6.15身放缝图、图6.16裙放缝图）

此放缝图中因裁片较多未将后裙片（三层裙片）放入，根据展开图的提示，按照前身裙片的放缝方法进行绘制。

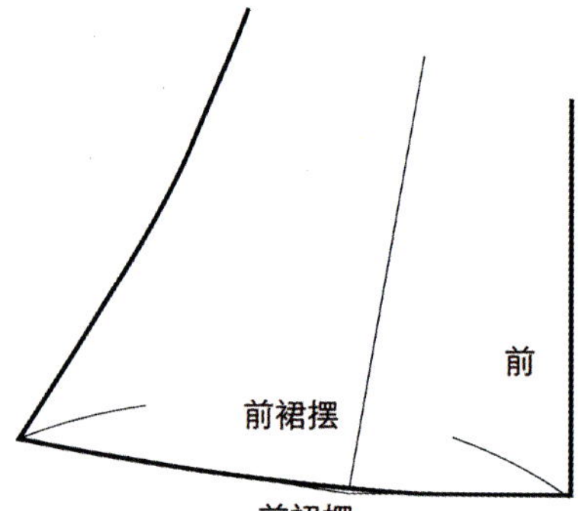

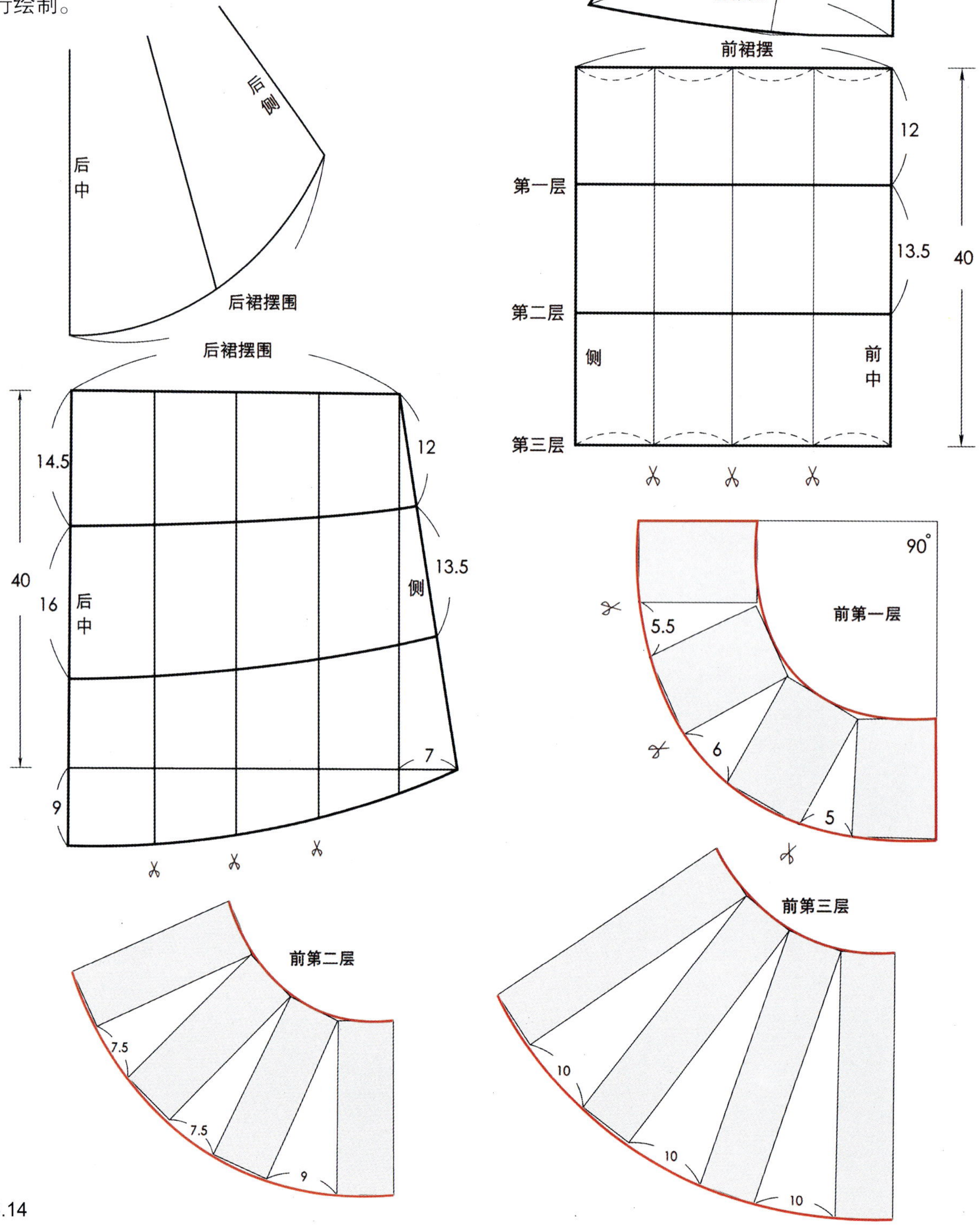

图6.14

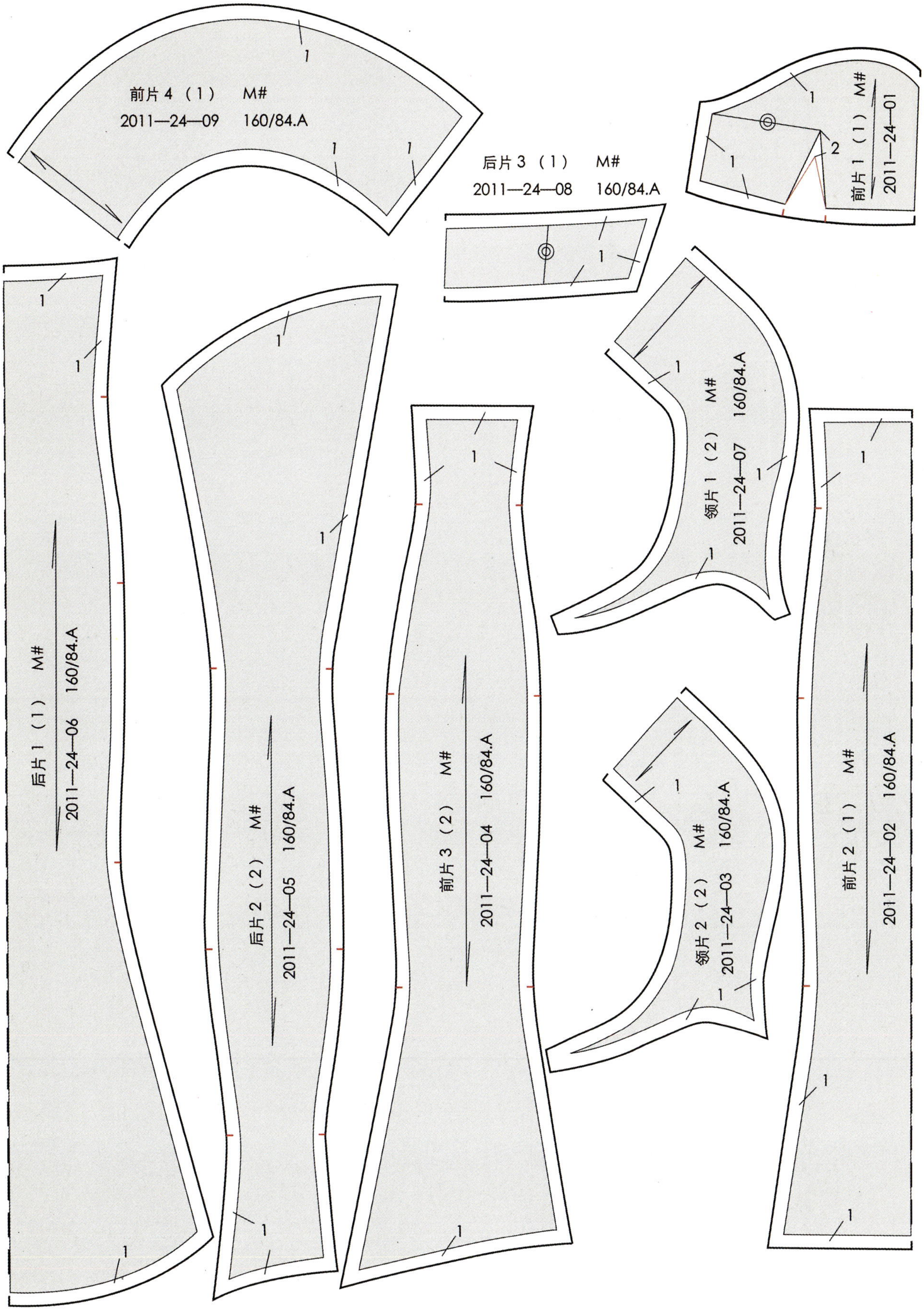
前片 4（1） M#
2011—24—09 160/84.A
后片 3（1） M#
2011—24—08 160/84.A
前片 1（1） M#
2011—24—01
后片 1（1） M#
2011—24—06 160/84.A
后片 2（2） M#
2011—24—05 160/84.A
前片 3（2） M#
2011—24—04 160/84.A
领片 1（2） M#
2011—24—07 160/84.A
领片 2（2） M#
2011—24—03 160/84.A
前片 2（1） M#
2011—24—02 160/84.A

图6.15

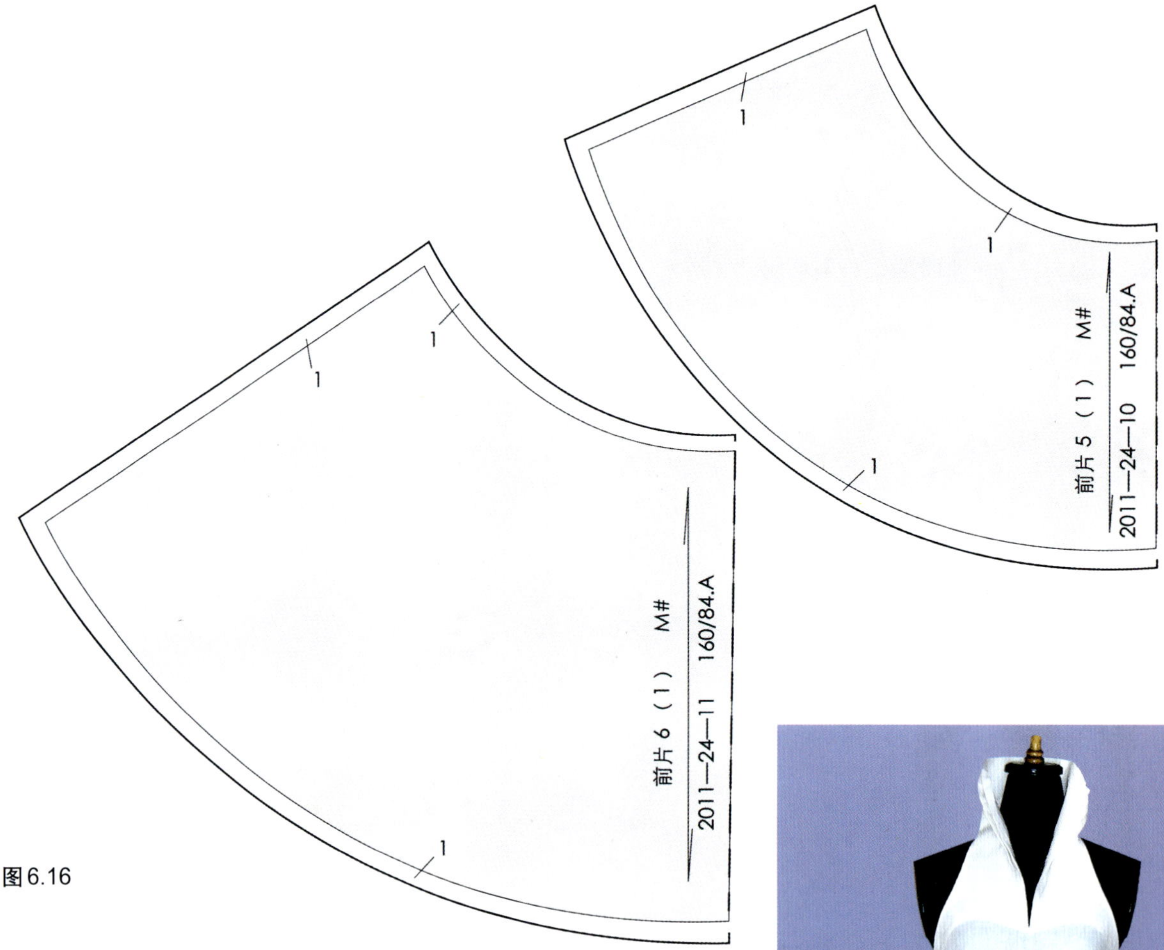

图6.16

样板裁片

前片1	1片	后片1	1片
前片2	1片	后片2	2片
前片3	2片	后片3	1片
前片4	1片	后片4	1片
前片5	1片	后片5	1片
前片6	1片	后片6	1片
领片1	2片	领片2	2片

五、坯布样衣图（图6.17）

坯布样衣如图所示。

图6.17

六、训练提示

此款礼服结构比较复杂，要求注意线条的圆顺及互相的对合。

七、训练要求

1.设计规格尺寸，绘制1：1比例结构图。

2.缝制坯布样衣一件。

八、课后作业

1.查找4～5款夜礼服造型。

2.选择2～3款夜礼服造型绘制1：4结构图。

附表

女装原型绘制步骤图

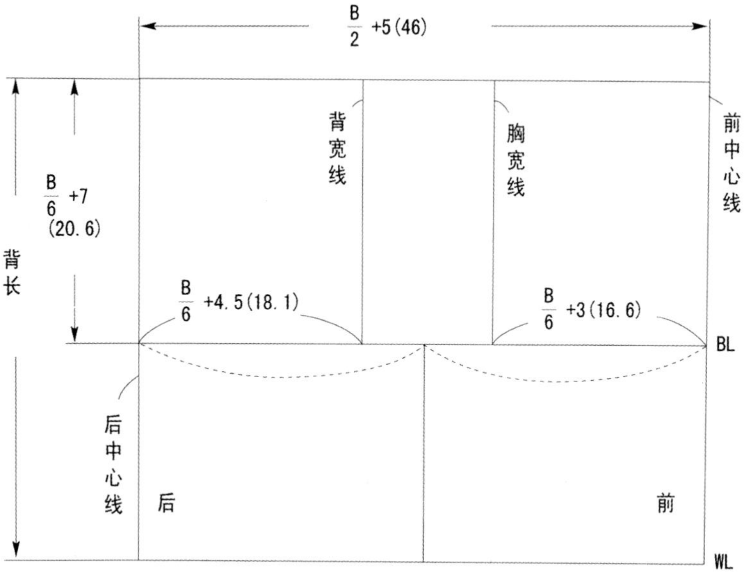

净胸围（B）为82cm

附表图1:步骤一

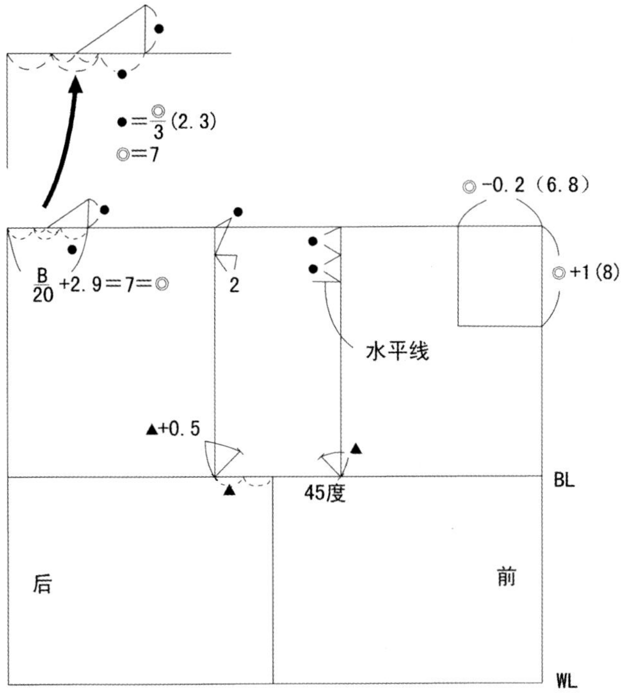

附表图2:步骤二

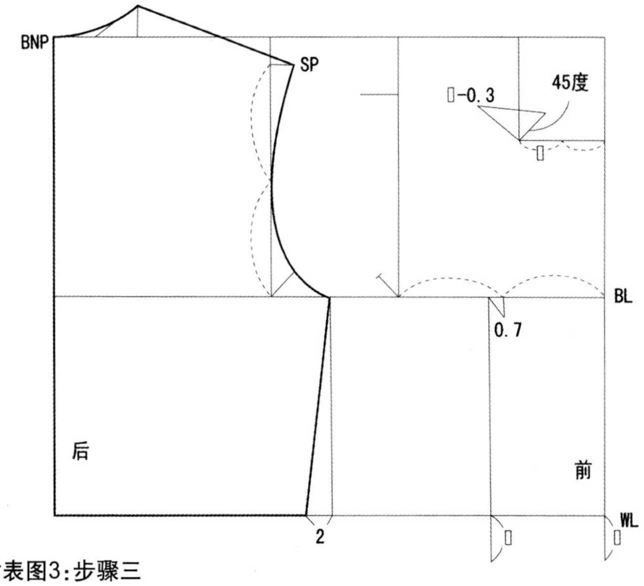

附表图3:步骤三

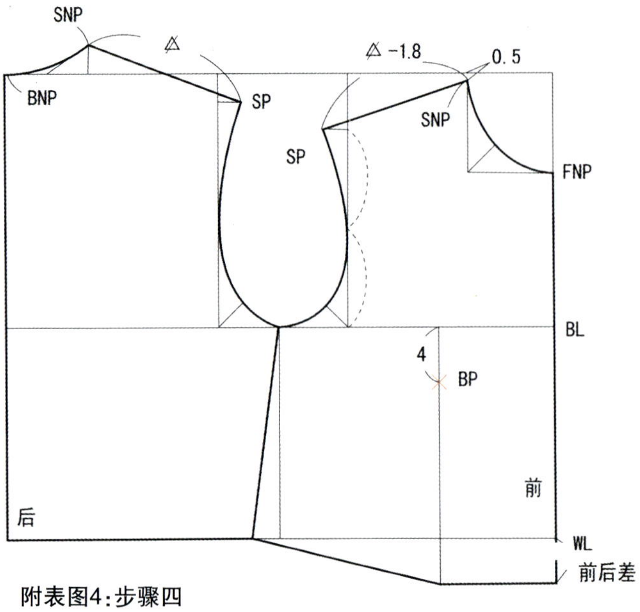

附表图4:步骤四

本书图形绘制符号说明

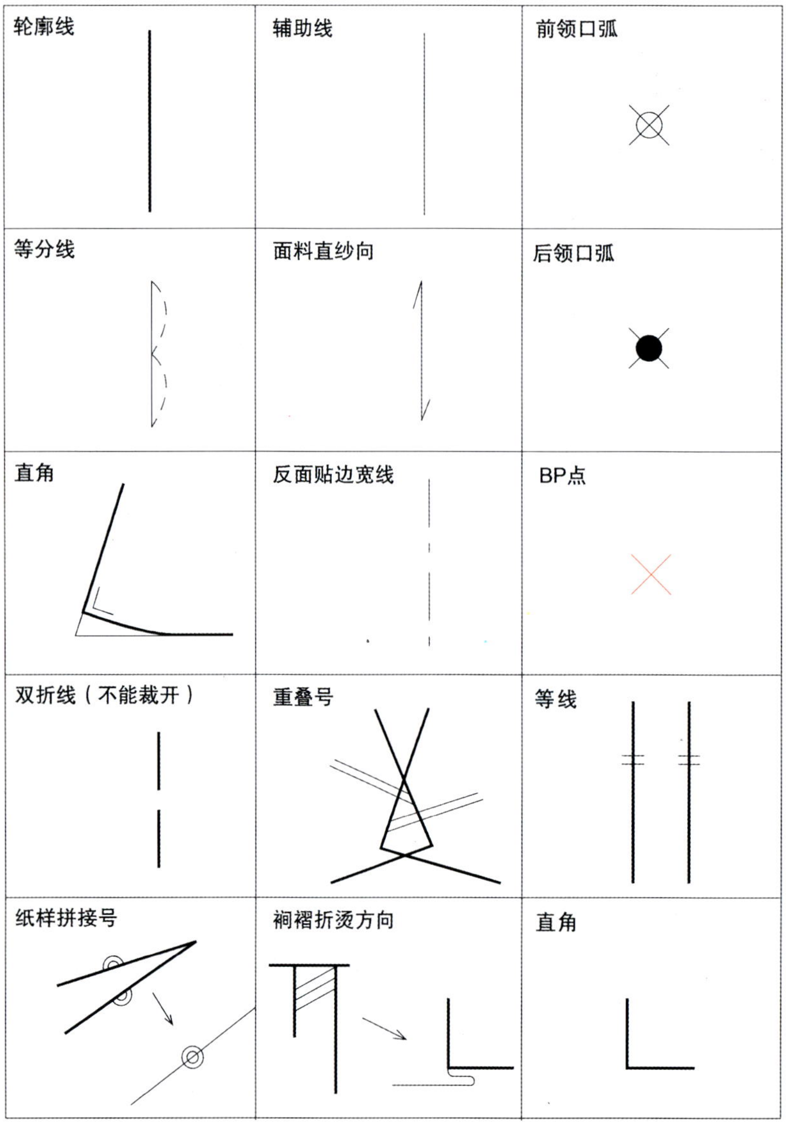

附表图5:本书图形绘制符号说明